Naturschutzgerechte Steuerung der Windenergienutzung durch die gesamträumliche Planung

Naturschutzgerechte Steuerung der Windenergienutzung durch die gesamträumliche Planung

Herausgegeben von Willy Spannowsky und Andreas Hofmeister

DER JURISTISCHE VERLAG
lexxion
BERLIN

Bibliografische Information der Deutschen Nationalbibliothek

Die Deutsche Nationalbibliothek verzeichnet diese Publikation in der Deutschen Nationalbibliografie; detaillierte bibliografische Daten sind im Internet über http://dnb.d-nb.de abrufbar.

ISBN: Print 978-3-86965-214-6
E-Book 978-3-86965-215-3

www.lexxion.de

Umschlag: Tozman Satz & Grafik
Satz: typossatz GmbH, Berlin

Vorwort

Im Zusammenhang mit der Energiewende der Bundesregierung wurde aufgrund des Gesetzes zur Förderung des Klimaschutzes bei der Entwicklung in den Städten und Gemeinden vom 22.7.2011 auch das Baugesetzbuch geändert. Durch aktuelle landesrechtliche Akzentverschiebungen haben sich zudem insbesondere die Rahmenbedingungen für die Windkraftnutzung mit erheblichen Auswirkungen für die städtebauliche Planung und die Regionalplanung gewandelt. Dadurch hat sich die Balance zwischen dem energiepolitischen Interesse an der Nutzung von Windkraft und den ökologischen naturschutzrechtlichen und sonstigen Belangen in der räumlichen Planung verschoben. Welche Konsequenzen dies für die Landesplanung, die städtebauliche Planung und die Regionalplanung hat, wurde im Rahmen der wissenschaftlichen Tagung „Klima- und naturschutzgerechte Gemeinde- und Regionalentwicklung bei der Nutzung von Windenergie", die am 19.3.2012 unter der Schirmherrschaft des Bundesministeriums für Verkehr, Bau und Stadtentwicklung an der Technischen Universität Kaiserslautern stattfand, mit einem Fachpublikum erörtert. Der vorliegende Band enthält die schriftlichen Ausarbeitungen der Referate.

Willy Spannowsky
Andreas Hofmeister

Inhalt

Schutz der Biodiversität und der Naturressourcen contra Windkraftnutzung?

*Dr. Stefan Lütkes**

I. Problemstellung

1.

Die Umsetzung der Energiewende bringt vielfältige Herausforderungen an Natur und Landschaft mit sich. Die dezentrale und auf neuen Quellen beruhende Energieversorgung wird auch zukünftig die biologische Vielfalt, den Naturhaushalt und das Erscheinungsbild der Landschaft beeinflussen. Die Bewältigung der in diesem Kontext bestehenden Probleme wird durch eine Reihe von Strategien sowohl auf globaler wie auf europäischer Ebene als auch auf Ebene der einzelnen Mitgliedstaaten und der Bundesländer angesprochen. Zu nennen sind dabei zunächst auf globaler Ebene der Strategieplan für die biologische Vielfalt 2011–2020 sowie auf EU-Ebene die Biodiversitätsstrategie für das Jahr 2020, genannt „Lebensversicherung und Naturkapital". Diese Strategien werden begleitet von der UN-Dekade der Biodiversität und dem UN-Jahr der nachhaltigen Energie. Auf nationaler Ebene finden diese ihre Entsprechung in der Strategie zur biologischen Vielfalt und dem Schutz des europäischen Kulturerbes und auch in der BMU-Klimaschutzinitiative sowie der Strategie der Bundesregierung

* Bundesministerium für Umwelt, Naturschutz und Reaktorsicherheit Referatsleiter Recht des Naturschutzes und der Landschaftspflege.

zur Nutzung der Offshorewindenergie. Eine Reihe von Bundesländern haben die nationale Biodiversitätsstrategie untersetzt durch landesweite Programme und Initiativen. Aus der dezentraleren Energieversorgung mit steigenden Anteilen der erneuerbaren Energien ergeben sich für Naturschutz und Landschaftspflege weitergehende Anforderungen, die sich aus den mit der Erzeugung, Verteilung und Speicherung erneuerbarer Energien einhergehenden zunehmenden Flächenansprüchen ergeben.

In einem Positionspapier der Bund/Länder-Arbeitsgemeinschaft Naturschutz, Landschaftspflege und Erholung (LANA) von März 2012 heißt es zur Umsetzung der Energiewende: „Die Gewährleistung der Rechtssicherheit von Planungen und Genehmigungen, die Unterstützung der Planungs- und Verfahrensbeschleunigung sowie die wirksame Berücksichtigung der Belange des Naturschutzes und der Landschaftspflege sind bestimmende Motive für die Naturschutzverwaltungen des Bundes und der Länder. Der verfassungsrechtlich normierte Schutz der natürlichen Lebensgrundlagen und der umfassende Zielkanon des Bundesnaturschutzgesetzes geben den rechtlichen und fachlichen Rahmen vor. Hierzu gehören die bewährten Instrumente des Naturschutzes, wie die Landschaftsplanung, die Eingriffsregelung, die Schutzgebietssysteme sowie der Arten- und Biotopschutz."

2.

Aus dem Energiekonzept der Bundesregierung ergibt sich, dass der Anteil der erneuerbaren Energien am Bruttoendenergieverbrauch bis 2020 auf 18 % steigen soll. Danach strebt die Bundesregierung folgende Entwicklung des Anteils erneuerbarer Energien am Bruttoendenergieverbrauch an: 30 % bis 2030, 45 % bis 2040, 60 % bis 2050. Die Definition des Bruttoendenergieverbrauchs ergibt sich aus Artikel 2 f) der RL 2009/28/EG: „Energieprodukte, die der Industrie, dem Verkehrssektor, Haushalten, dem Dienstleistungssektor einschließlich des Sektors der öffentlichen Dienstleistungen sowie der Land-, Forst- und Fischereiwirtschaft zu energetischen Zwecken geliefert werden, einschließlich des durch die Energiewirtschaft für die Elektrizitäts- und Wärmeerzeugung entstehenden Elektrizitäts- und Wärmeverbrauchs und einschließlich der bei der Verteilung und Übertragung auftretenden Elektrizitäts- und Wärmeverluste".

Bis 2020 soll der Anteil der Stromerzeugung aus erneuerbaren Energien am Bruttostromverbrauch 35 % betragen. Danach strebt die Bundesregierung folgende Entwicklung des Anteils der Stromerzeugung aus erneuerbaren Energien am Bruttostromverbrauch an: 50 % bis 2030, 65 % bis 2040, 80 % bis 2050. Der nationale Bruttostromverbrauch entspricht der national produzierten Gesamtstrommenge, die aus allen Quellen erzeugt wurde (Wind, Wasser, Sonne, Kohle, Öl etc.), zuzüglich Einfuhren, abzüglich Ausfuhren.

Diese Zahlen verdeutlichen die Dimension des anstehenden Umbaus der Energieversorgung.

3.

Die im Auftrag der Bundesregierung erstellten Energieszenarien haben aufgezeigt, dass die Windenergie im Jahr 2050 eine entscheidende Rolle bei der Stromerzeugung spielen wird. Dies erfordert einen massiven Ausbau der Windkraftkapazitäten On- und Offshore. Für eine erfolgreiche Integration des wachsenden Anteils erneuerbarer Energien ist der zeitnahe Ausbau der Stromnetze in Deutschland und Europa von zentraler Bedeutung. Europäisierung und Kostenoptimierung sind entscheidende Treiber für die gesamtwirtschaftliche Beurteilung der Änderungen im Strommarkt. Nennenswerte Stromimporte, aber auch zu bestimmten Zeiten Stromexporte, gehören zur Rolle Deutschlands in einem europäischen Strommarkt.

Die Windenergie an Land bietet kurz- und mittelfristig das wirtschaftlichste Ausbaupotenzial im Bereich erneuerbarer Energien. Ein Schwerpunkt sollte insbesondere die Leistungsausweitung an bestehenden Standorten sein (Repowering), also der Ersatz alter durch effizientere neue Anlagen.[1]

II. Rechtliche Rahmenbedingungen

Die anstehenden Interessenkonflikte zwischen Naturschutz und Energiewende sind mit den Mitteln des Bundesnaturschutzgesetzes zu lösen. Hierzu gehören die bewährten Instrumente des Naturschutzes, wie die Landschaftsplanung, die Eingriffsregelung, die Schutzgebietssysteme sowie der Arten- und Biotopschutz. Hieraus ergeben sich Vorgaben des Naturschutzes und der Landschaftspflege für die räumliche Steuerung des Aufbaus einer dezentralen Energieversorgung. Der anstehende Ausbau muss entsprechend den naturschutzrechtlichen Regelungen mit dem Landschaftsbild und Naturschutz verträglich gestaltet werden.

1 Vgl. auch Ausführungen unter II.1 zu § 249 BauGB.

1. Planungsrecht

Wegen der im Laufe dieser Veranstaltung anstehenden weiteren Vorträge zur räumlichen Steuerung werden die einschlägigen – teils neu eingeführten – Regelungen des BauGB nur angerissen.

Windkraftanlagen sind nach § 35 Abs. 1 Nr. 5 BauGB bauplanungsrechtlich privilegiert. Seit dem Sommer 2011 gilt dies auch für Anlagen zur Nutzung der solaren Strahlungsenergie an und auf Dach- und Außenwandflächen von zulässigerweise genutzten Gebäuden, wenn die Anlage dem Gebäude baulich untergeordnet ist, Gesetz zur Förderung des Klimaschutzes bei der Entwicklung in den Städten und Gemeinden.[2]

Nach § 35 Abs. 3 S. 3 BauGB können die Gemeinden die Ansiedlung von Windkraftanlagen durch ihre Flächennutzungsplanung steuern. Über den Flächennutzungsplan besitzen die Gemeinden ein Instrument, die Ansiedlung von Windkraftanlagen auf Vorrangflächen zu konzentrieren.

Staatliche Raumordnung und gemeindliche Bauleitplanung ergänzen sich bei der Steuerung der Ansiedlung von Windkraftanlagen. Nach § 1 Abs. 4 BauGB sind die Bauleitpläne den Zielen der Raumordnung anzupassen. Die Entwicklung, Ordnung und Sicherung der Teilräume soll sich in die Gegebenheiten und Erfordernisse des Gesamtraums einfügen; die Entwicklung, Ordnung und Sicherung des Gesamtraums soll die Gegebenheiten und Erfordernisse seiner Teilräume berücksichtigen (Gegenstromprinzip), vgl. § 1 Abs. 3 ROG.

Die im Sommer 2011 neu in das BauGB eingeführte Vorschrift des § 249 Abs. 2 BauGB (Repowering) erlaubt es Kommunen vorzugeben, dass die Neuerrichtung von Windkraftanlagen an den Rückbau innerhalb oder außerhalb des Plan-/Gemeindegebiets gelegener bereits bestehender Anlagen gekoppelt wird.

§ 249 Abs. 1 BauGB soll den planenden Städten und Gemeinden die rechtlichen Unsicherheiten bei neuen Flächennutzungsplanungen für das Repowering nehmen. Wenn in einem Flächennutzungsplan zusätzliche Flächen für die Nutzung der Windenergie dargestellt werden, folgt daraus nicht, dass die vorhandenen Darstellungen die Ausschlusswirkung des § 35 Abs. 3 S. 3 BauGB nicht entfalten können. Eingeschlossen ist der Verzicht auf bisher ausgewiesene Standorte, wenn an anderer Stelle zusätzliche Flächen bereitgestellt werden und sich eine

2 BGBl. I 2011, S. 1509 f. vom 22.7.2011.

positive Flächengesamtbilanz ergibt. Aber auch bei Gleichbleiben oder Vergrößern der Energiebilanz kann nicht auf eine Fehlerhaftigkeit der ursprünglichen Windenergieplanung geschlossen werden.

2. Netzinfrastruktur

Vor dem Hintergrund des beabsichtigten Ausbaus der erneuerbaren Energien muss der Ausbau der Netze deutlich beschleunigt werden. Netze stellen insbesondere einen Eingriff in das Landschaftsbild dar. Dies gilt zumindest dann, wenn Freileitungen die vorhandenen Landschaftselemente deutlich überragen. Der massive Ausbau der erneuerbaren Energien im Strombereich (insbesondere Offshore) macht die Planung eines deutschen Overlay-Netzes („Stromautobahnen") erforderlich, das in einen europäischen Verbund integriert wird. Aufbauend auf dem bestehenden Netz und den im Energieleitungsausbaugesetz geplanten Neubaustrecken geht es darum, mit innovativen Technologien Strom über weite Strecken verlustarm zu transportieren. Besonders dringlich ist der Bau von Nord-Süd-Trassen, die den Strom aus den Windparks im Norden in die Verbrauchszentren im Westen und Süden leiten und kurzfristig als eine Art „Bypass" kritischen Situationen im Netz vorbeugen. Zudem wird die Bundesregierung ein Konzept für die bundesweite strategische Planung eines Zielnetzes 2050 entwickeln.

Die Versorgungssicherheit muss auf heutigem Niveau erhalten bleiben. Der Prozess der Netzausbauplanung sieht vor, dass die Übertragungsnetzbetreiber den Netzentwicklungsplan bis zum Sommer 2012 vorlegen. Auf dieser Grundlage erstellt die Bundesregierung den Bundesbedarfsplan, der vom Gesetzgeber verabschiedet werden muss, § 12e EnWG. Dieser wird wiederum von der Bundesnetzagentur im Bundesnetzplan konkretisiert, §§ 4 ff., 17 NABEG.

3. Naturschutzrecht

a. Eingriffsregelung

aa. Handlungsempfehlung Netzausbau

Die Bund/Länder-Arbeitsgemeinschaft Naturschutz, Landschaftspflege und Erholung (LANA), erarbeitet im Auftrag der Umweltministerkonferenz (UMK) Empfehlungen für die Vollzugsbehörden zur Eingriffsbewältigung beim Netzausbau. Diese Handlungsempfehlungen sollen im Juni 2012 von der UMK verabschiedet werden. Ziel ist es, den Vollzugsbehörden für die einheitliche Bewältigung der Eingriffsfolgen Empfehlungen an die Hand zu geben. Ein einheitliches Bewertungsverfahren für den Netzausbau soll zur Verfahrensbeschleunigung und auch zur Verbesserung der Akzeptanz der betroffenen Menschen beitragen. Anlagen zur Erzeugung, zur Ableitung und zur Speicherung von Energie sollen im Sinne der Vermeidung und Minimierung landschaftsgerecht geplant, gestaltet und so gebündelt werden, dass die Zerschneidung, die Inanspruchnahme der Landschaft sowie Beeinträchtigungen der biologischen Vielfalt, des Naturhaushalts und des Landschaftsbildes so gering wie möglich sind. Insbesondere können die Handlungsempfehlungen Maßstäbe für die Bemessung des Ersatzgeldes geben. Das BNatSchG sieht vor, dass die Höhe des Ersatzgeldes zunächst nach den durchschnittlichen Kosten der denkbaren aber unterbliebenen Ausgleichs- und Ersatzmaßnahmen berechnet wird. Nach der 2. Alternative des § 15 Abs. 6 S. 2 BNatSchG werden für die Berechnung des Ersatzgeldes Dauer und Schwere des Eingriffs unter Berücksichtigung der dem Verursacher daraus erwachsenden Vorteile berechnet. Für diesen Fall werden die Eingriffe in verschiedene Beeinträchtigungsstufen – gering, mittel, schwer – eingeteilt werden, die dann mit der Qualität des konkret betroffenen Landschaftsbildes in Relation gesetzt werden. Dazu ist es denkbar, Orientierungswerte für unterschiedliche Wertstufen des Landschaftsbildes von geringer bis zu einer hervorragenden Bedeutung zu erstellen. Die Höhe des Ersatzgeldes hinge also von der Schwere des Eingriffs, der Bedeutung des konkret betroffenen Landschaftsbildes und den konkreten Kosten der Errichtung des jeweiligen Netzausbau-Vorhabens ab.

Im Rahmen der Realisierung weiterer Netze auf Höchst-, Hoch- und Mittelspannungsebene geht es auch darum, den notwendigen Flächenbedarf für Kompensationen neben dem Flächenbedarf, der für die Projektrealisierung unmittelbar entsteht, zu begrenzen. Nach § 15 Abs. 3 BNatSchG soll die Inanspruchnahme insbesondere wertvoller landwirtschaftlicher Flächen reduziert werden. Dazu sieht die Vorschrift eine Prüfpflicht vor, ob die Kompensation auch durch Maßnahmen zur Wiedervernetzung von Lebensräumen oder durch Bewirtschaftungs- oder Pflegemaßnahmen, die der dauerhaften Aufwertung des Naturhaushalts oder des Landschaftsbilds dienen, erbracht werden kann. Manche Länder haben diese Vorschrift weiter ausgebaut. Beispielsweise soll nach § 9 Abs. 3 Landesnaturschutzgesetz Schleswig-Holstein auf höherwertigen Flächen nicht mehr Fläche für die Kompensation als für das Vorhaben in Anspruch genommen werden. Dies wirft zu den Fragen, die durch die bundesgesetzliche Regelung entstanden sind, zusätzliche Abgrenzungsfragen auf, nämlich im konkreten Fall nach der Konkretisierung von „höherwertigen Flächen".

Wünschenswert wäre es, wenn die Handlungsempfehlungen einen Beitrag zur weiteren Konkretisierung des § 15 Abs. 3 BNatSchG leisten können, indem sie die Grenze der rechtlich vorrangigen Realkompensation zur Kompensation durch Ersatzgeld deutlicher machen.

bb. Kompensationsverordnung

Auch zu einer besseren Steuerung der durch die Energiewende ausgelösten Diskussion zur Bewältigung der Eingriffsfolgen wird der Bund von seiner Ermächtigungsgrundlage in § 15 Abs. 7 BNatSchG zum Erlass einer Kompensationsverordnung Gebrauch machen. Dieses Vorhaben wird von einer breiten Basis der Länder unterstützt. Danach kann das Bundesumweltministerium durch Rechtsverordnung im Einvernehmen mit dem Bundesministerium für Ernährung, Landwirtschaft und Verbraucherschutz sowie dem Bundesministerium für Verkehr, Bau und Siedlungsentwicklung das Nähere zur Kompensation von Eingriffen regeln. Dazu gehören Ausführungen zu Inhalt, Art und Umfang von Ausgleichs- und Ersatzmaßnahmen einschließlich von Maßnahmen zur Entsiegelung, zur Wiedervernetzung von Lebensräumen und zur Bewirtschaftung und Pflege. Außerdem können die Höhe des Ersatzgelds und das Verfahren zu seiner Erhebung festgelegt werden. Mit einer Kompensationsverordnung können wesentliche Fragen der Eingriffsbewältigung in rechtlich verbindlicher Weise geregelt werden. Ein erster Entwurf soll Mitte 2012 durch das Bundesumweltministerium vorgelegt werden.

b. Artenschutz

aa. Verletzungs- und Tötungsverbot nach § 44 Abs. 1 Nr. 1 BNatSchG

Bei der Zulassung von Windkraftanlagen kann es zu Konflikten mit den Verboten des besonderen Artenschutzes kommen. Dies betrifft insbesondere das Tötungs- und Verletzungsverbot nach § 44 Abs. 1 Nr. 1 BNatSchG im Hinblick auf verschiedene Fledermausarten wie auch bestimmte Greifvögel, z. B. den Rotmilan.

Ein Verstoß gegen das artenschutzrechtliche Tötungsverbot nach § 44 Abs. 1 Nr. 1 BNatSchG ist nach der Rechtsprechung des BVerwG dann gegeben, wenn durch ein Bauvorhaben ein signifikant erhöhtes Risiko kollisionsbedingter Verluste von Einzelexemplaren wie Fledermäusen oder Vögeln verursacht wird und es mithin über einer Gefahrenschwelle in einem Risikobereich liegt, der mit diesen Vorhaben in einem gegebenen Naturraum immer verbunden ist. Diese Rechtsprechung ist am Fall einer straßenrechtlichen Zulassungsentscheidung für die Individuenverluste aufgrund der Nutzung einer Straße entwickelt worden.[3] Die damit verbundene Einschränkung des Tötungsverbotes trotz Individuenbezugs bei der Gefahr von Kollisionen im Straßenverkehr, auf Fälle, in denen sich das Kollisionsrisiko in einer für die betroffene Tierart signifikanten Weise erhöht, ist Ausdruck des Verhältnismäßigkeitsprinzips, um das Tötungsverbot nicht zu einem unverhältnismäßigen Planungshindernis werden zu lassen.

Diese im Straßenrecht entwickelte Rechtsprechung zum artenschutzrechtlichen Tötungsverbot erscheint auch geeignet, auf die Errichtung von Windkraftanlagen übertragen zu werden, wie dies auch in dem Urteil des VG Halle[4] bereits erfolgt ist. Abzustellen ist demnach darauf, ob durch den Bau von Windkraftanlagen das Tötungsrisiko in einen Naturraum über das Normalmaß hinaus signifikant erhöht wird.

In diesem Urteil werden auch Grenzen der gerichtlichen Überprüfbarkeit verwaltungsbehördlicher Entscheidungen angesprochen. Die naturschutzfachliche Annahme, der Standort eines Vorhabens befinde sich in einem bedeutenden Zugkorridor fernziehender Fledermausarten findet nur dahingehend statt, ob diese Annahme naturschutzfachlich vertretbar ist. Insoweit kommt der Behörde eine Einschätzungsprärogative zugute. Nicht in jedem Fall setze die Annahme einen genauen quantitativen Nachweis des Zuggeschehens am Standort und einen Abgleich mit einem Grenzwert voraus. Jedenfalls bedarf es dann keiner exakten Bestimmung, wenn die Lage des Standortes zwischen zwei Akkumulationspunkten fernziehender Fledermäuse ein deutlich erhöhtes Aktivitätsaufkommen während des Herbstzuges plausibel macht, um von einem Zugkorridor ausgehen zu können.

Von einem signifikanten Risiko kollisionsbedingter Verluste von Einzelexemplaren kann in der Regel dann ausgegangen werden, soweit der Standort des Vorhabens eine Hauptflugroute fernziehender Fledermäuse schneidet, wobei es für diese Aussage keiner quantitativen Risikoanalyse bedarf, etwa in dem Sinne, dass festgestellt werden muss, dass die Zahl der getöteten Fledermäuse pro Jahr und Anlage am konkreten Standort einen verbindlichen Grenzwert übersteigt.[5]

3 BVerwG, Urteil vom 12.3.2008 – 9 A 3.06, Juris Rn. 219.

4 VG Halle, Urteil vom 24.3.2011 – 4 A 46/10, Juris Rn. 20.

5 So auch OVG Lüneburg, Beschluss vom 18.4.2011 – 12 ME 274/10, Juris Rn. 6–7.

bb. § 44 Abs. 1 Nr. 3 BNatSchG: Verbot Fortpflanzungs- und Ruhestätten zu beschädigen oder zu zerstören, § 44 Abs. 5 BNatSchG

In der im Jahr 2011 ergangenen Freiberg-Entscheidung des BVerwG werden wichtige Aspekte des besonderen Artenschutzes im Zusammenhang mit dem Verbot des § 44 Abs. 1 Nr. 3 BNatSchG, Fortpflanzungs- und Ruhestätten besonders geschützter Arten zu entnehmen, zu beschädigen oder zu zerstören, angesprochen. Mit dem Urteil vom 14.7.2011[6] entschied das BVerwG über die Klage des BUND, Landesverband Sachsen e.V., gegen den Planfeststellungsbeschluss der Landesdirektion Chemnitz für den Bau einer ca. 13,4 km langen Bundesfernstraßen-Neubaustrecke, die um Freiberg herum führen soll. Westlich der Stadt führt die geplante Strecke durch den Hospitalwald, der zahlreiche Fledermausarten beherbergt, südlich reicht die Strecke bis zu 150 m an das aus mehreren Teilgebieten bestehende FFH-Gebiet „Freiberger Bergwerksteiche" heran, südöstlich streift die Trasse Bergwerkshalden, die ein besonderer Verbreitungsschwerpunkt der Zauneidechse sind und quert schließlich das FFH-Gebiet „Oberes Freiberger Muldetal". Für die erforderliche Baufeldräumung müssen u. a. Fortpflanzungs- und Ruhestätten der geschützten Zauneidechse zerstört werden. Die Planung sieht die Umsiedlung der Zauneidechsen in ein entsprechend vorbereitetes Ersatzgebiet vor.

Das BVerwG hielt die zulässige Klage teilweise für begründet. Es erklärte den Planfeststellungsbeschluss für rechtswidrig und nicht vollziehbar. Es verbleiben jedoch Heilungsmöglichkeiten in einem ergänzenden Verfahren. Das BVerwG hält es in Anwendung von § 44 Abs. 5 BNatSchG grundsätzlich für europarechtskonform, dass im Sinne von § 44 Abs. 1 Nr. 3 BNatSchG tatbestandsmäßige Beeinträchtigungen von Fortpflanzungs- und Ruhestätten von dem artenschutzrechtlichen Verbot als privilegiert gelten können. Voraussetzung ist, dass es sich um einen zulässigen Eingriff handelt und die Funktionalität der beeinträchtigten Lebensstätte aufrechterhalten bleibt. Im Freiberg-Urteil hielt das BVerwG jedoch einen zulässigen Eingriff für nicht gegeben.

Weitreichende Konsequenzen kann das Urteil wegen eines sog. obiter dictums, also einer nicht entscheidungserheblichen, nur anlässlich des Urteils geäußerten Rechtsansicht, haben. Das Gericht hegt Bedenken gegen die Europarechtskonformität des § 42 Abs. 5 S. 2 BNatSchG 2007, der nunmehr § 44 Abs. 5 S. 2 BNatSchG 2010 entspricht. Nach § 44 Abs. 5 S. 2 BNatSchG liegt ein Verstoß gegen das Tötungsverbot dann nicht vor, wenn es bei zulässigen Eingriffen zur

6 BVerwG, Urteil vom 14.7.2011 – 9 A 12.10.

Entnahme, Beschädigung oder Zerstörung von Fortpflanzungs- oder Ruhestätten wild lebender besonders geschützter Arten kommt, und im Hinblick darauf unvermeidbar wild lebende besonders geschützte Tiere getötet werden, aber die ökologische Funktion der betroffenen Fortpflanzungs- oder Ruhestätte im räumlichen Zusammenhang weiterhin erfüllt wird.

Die Norm soll z. B. die Umsiedlung von einer bestimmten Population von Reptilien in einen Ersatzlebensraum ermöglichen, was unter ausnahmsloser Anwendung des Tötungsverbots unzulässig wäre, da bei der Baufeldräumung des bisherigen Lebensraums zwangsläufig einzelne Exemplare der Tierart getötet oder zumindest verletzt werden können. Der Senat sieht eine derartige Ausnahme vom Tötungsverbot von Art. 12 Abs. 1 lit. a FFH-RL aber nicht gedeckt. Dieser verbiete jede Form der absichtlichen Tötung geschützter Tiere. Nach der Rechtsprechung des EuGH erfolge die Tötung absichtlich, wenn sie gewollt oder zumindest in Kauf genommen werde. Nach dieser Definition käme es auch bei einer mit größtmöglicher Sorgfalt durchgeführten Umsiedlungsmaßnahme zur absichtlichen Tötung einzelner Exemplare der geschützten Art, die § 44 Abs. 1 Nr. 1 BNatSchG eben verhindern will.

Zwar bezeichnet der Senat die Vorschrift nicht ausdrücklich als unionsrechtswidrig, jedoch legen die Ausführungen diesen Schluss nahe. Die in solchen Fällen in der Regel erforderliche Anrufung des EuGH im Rahmen eines Vorabentscheidungsverfahrens (Art. 267 AEUV) kam hier nicht in Betracht, da die Vorschrift nicht entscheidungserheblich war. Insofern bleibt ein unerfreuliches Maß an Rechtsunsicherheit, da die Unionsrechtswidrigkeit des § 44 Abs. 5 S. 2 BNatSchG für die Planungspraxis erhebliche Konsequenzen hätte. Die Verwaltung müsste in einem deutlich größeren Umfang vom Mittel der Ausnahme oder Befreiung Gebrauch machen, was zu einem deutlich höheren Verwaltungsaufwand durch Alternativenprüfungen und damit auch längeren Genehmigungsverfahren führen würde.[7] Versteht man das BVerwG so, dass die Ausnahme vom Tötungsverbot unionsrechtswidrig ist, darf dieses nicht mehr angewendet werden, wenn es bei der Durchführung von vorgezogenen Ausgleichsmaßnahmen zur Tötung – auch nur einzelner Exemplare – von in Anhang IV FFH-RL bezeichneten Tierarten kommt (Anwendungsvorrang des Unionsrechts). Rechtsfehlerfrei sind dann z. B. Umsiedlungsmaßnahmen von Reptilien nur mit artenschutzrechtlichen Ausnahmegenehmigungen nach § 45 Abs. 7 BNatSchG möglich. Diese gehen einher mit einem deutlich erhöhten Verwaltungsaufwand, da

7 So bereits Gellermann, NuR 2012, 34 (35).

die Fachplaner zumutbare Alternativen suchen müssen. Das Verfahren wird so bedeutsam in die Länge gezogen.

Beier gibt darüber hinaus zu Bedenken, dass der Verstoß gegen das Tötungsverbot den verantwortlichen Planer in die Gefahr bringt, wegen vorsätzlichen ordnungswidrigen Verhaltens belangt zu werden (§§ 69 Abs. 2 Nr. 1, 71 Abs. 1 BNatSchG).[8]

cc. Weiterer Ausblick

Angesichts der zu erwartenden Vielzahl von Projekten, die zur Umsetzung der Energiewende erforderlich werden, ist eine weitere Standardisierung naturschutzfachlicher Fragen erforderlich und empfehlenswert.

Die Entwicklung und Festlegung fachlicher Standards für Planung und naturschutzfachliche Bewertung von Energieanlagen im Rahmen der Genehmigungsverfahren ist auf Basis wissenschaftlicher Erkenntnisse z. B. Entwicklung von Methoden zur Untersuchung und Reduktion des Kollisionsrisikos von Fledermäusen oder Vögeln an Onshore-Windenergieanlagen weiter fortzuführen.

8 Beier, DVBl. 2012, 149 (153).

Netze – Erneuerbare Energie und deren Bedeutung für die städtebauliche Planung

*Dr. Hans-Günther Clev**

I. Einführung

II. Die Netzproblematik
   1. Der Nationale Netzentwicklungsplan und die Situation in Rheinland-Pfalz
   2. Großräumige Verbrauchsschwerpunkte und Schwerpunkte der Energieproduktion
   3. Wechselwirkungen zwischen den Netzen, Umspannwerken und der Verortung von Windkraftanlagen, großen Freiflächen-Fotovoltaikanlagen etc. – Bsp. der Pfalz
   4. Netzausbau, Netzertüchtigung und die Planung von Standorten zur Erzeugung regenerativer Energien

III. Ersatz regionaler Koordination durch lokale Klimaschutzkonzepte und Flächennutzungsplanung?

IV. Die Netzproblematik auf lokaler Ebene
   1. Einspeisenetze als Ausweg aus dem Engpass bei den lokalen 20 KV-Netzen?
   2. Kleinräumige Produktionsstandorte und Direktversorgung
   3. Direktversorgung mit Energie in unterschiedlichen Formen
   4. Energiekaskaden

V. Netzentlastung – kommunaler Beitrag zur Erhöhung der Grundlastfähigkeit

* Leitender Planer, Planungsgemeinschaft Westpfalz, Kommissarischer Leitender Planer, Planungsgemeinschaft Rheinhessen-Nahe.

I. Einführung

Die Energienetze, insbesondere die großräumigen Stromnetze, gelten zunehmend – neben der Herausforderung der Energiespeicherung – als Engpässe bei der Umsetzung der in 2011 beschlossenen Energiewende. Mit Hochdruck wird die Netzausbauplanung auf Bundesebene vorangetrieben, um die insbesondere im Norden des Landes produzierte erneuerbare Energie zu den Verbrauchsschwerpunkten im Süden zu leiten, wo bereits mehrere Kernkraftwerke abgeschaltet wurden.

Diese Diskussion versperrt den Blick auf die regionalen Engpässe im Mittelspannungsnetz sowie die Engpässe in den lokalen 20 kV-Netzen, resultierend aus der Umkehr einer Versorgungslogik oft ländlicher, dünn besiedelter Räume zu einer Abführung erheblicher, unstetig auftretender Energiemengen aus diesen Räumen. Auf diesen Umstand waren weder Netze noch Umspann- oder Aufspannanlagen ausgerichtet.

Die regionale und lokale Koordination der verschiedenen Akteure ist der Schlüssel für den Erfolg der Umstrukturierung der Energieversorgung.

Die Tendenz auf politischer Ebene geht indes eindeutig in Richtung einer Übertragung der Steuerungsfunktion auf die Ebene der Bauleitplanung, während die regionale Ebene auf eine eingeengte Sicherungsfunktion besonders geeigneter Standorte begrenzt wird. Kann die Koordinationsaufgabe bei der Energiewende ausschließlich auf der Ebene der Städte, Verbandsgemeinden und Gemeinden erfolgreich wahrgenommen werden?

In Verbindung mit den komplexen technischen Erfordernissen und langwierigen Planungsverfahren für den Bau neuer Trassen und für die Errichtung neuer Umspannwerke, stellt sich zunehmend die Frage nach der räumlichen Zusammenführung von Energieproduktion und Energieverbrauch sowie der Reduzierung der zwischen ihnen bestehenden Schwankungen.

Ein Lösungsansatz liegt in der breiteren Nutzung aller Energieformen (Strom, Wärme etc.), in der Entwicklung kleinräumiger Speicherkapazitäten und der konsequenten Koordination von Produktion und lokalem Verbrauch. Die dabei zu erzielenden Synergieeffekte bedingen indes meistens eine räumliche Nähe, um Rentabilität (kürzere Leitungen, geringere Verluste) als Schlüssel für die Realisierbarkeit zu gewährleisten. Hier kommt der kommunalen Bauleitplanung eine Schlüsselaufgabe zu. Diese betrifft zum einen die räumlich-funktionale Organisation, die Vorhaltung bestimmter Flächen an strategischen Standorten und insbesondere die Koordination und Moderation zwischen Fachplanungen, öffentlichen und privaten Anlagenbetreibern und Investoren. Ein Teil dieses Aufgabenspektrums soll sich in lokalen Energie- oder Klimaschutzkonzepten niederschlagen, ein anderer Teil wird die kommunalen Verwaltungen in ihrer täglichen Arbeit zunehmend in Anspruch nehmen.

Der Beitrag „Netze – Erneuerbare Energie und deren Bedeutung für die städtebauliche Planung“ wird diese Fragestellung am Beispiel des Landes Rheinland-Pfalz unter den folgenden Gesichtspunkten beleuchten:

- Netzproblematik Gewerbe/Industrie – erneuerbare Energien im regionalen und lokalen Kontext (Teilaspekte „großräumige Verbrauchsschwerpunkte und Schwerpunkte der Energieproduktion“, „Kleinräumige Produktionsstandorte und Direktversorgung“, „Energiekaskaden“)
- Energieproduktion – Direktversorgung der Kommunen (Teilaspekte Wärme, Strom, Gas)
- Lokale Konzepte, lokale Netze
- Netzentlastung: Kommunaler Beitrag zur Erhöhung der Grundlastfähigkeit erneuerbarer Energien
- Kommunale Infrastruktur, effiziente Gebäude – der Beitrag der Bauleitplanung
- Die Tendenz geht zur Übertragung der Steuerungsfunktion auf die Ebene der Bauleitplanung.

II. Die Netzproblematik

1. Der Nationale Netzentwicklungsplan und die Situation in Rheinland-Pfalz

Das optimistischste Rahmenszenario für den Ausbau der erneuerbaren Energien wird derzeit in manchen Bundesländern, so insbesondere Rheinland-Pfalz, weit übertroffen. Beim Bau neuer Windkraftanlagen lag RLP in 2011 auf Platz 3 hinter Schleswig-Holstein und Niedersachsen.

Die installierte Leistung (hier: Windkraft) wird dabei massiv unterschätzt: Während das optimistische Szenario von 35 MW pro Jahr bis 2022 ausgeht und zu diesem Zeitpunkt von 1.800 MW insgesamt ausgeht, dürfte die installierte Leistung tatsächlich in 2022 (basierend auf 2 % genutzter Landesfläche) bei 4.000–4.500 MW liegen. Auch die Photovoltaik entwickelte sich zuletzt doppelt so schnell wie prognostiziert (363 MW statt 160 MW (2010)).

Die Betreiber der Höchst-, der Hoch- und der Mittelspannungsnetze sind angesichts dieser Entwicklung unter hohem Zeitdruck, verbleibende Netzkapazitäten werden immer schneller in Anspruch genommen. Die schnelle Ertüchtigung der Netze, der Bau neuer Netze und Umspannanlagen wird dringend erforderlich. Der Netzausbau ist allerdings meist mit längeren Planungs- und Realisierungszeiträumen verbunden, der Ausbau von Windkraft- und PV-Anlagen erfolgt dagegen weit schneller (asynchrone Entwicklung). So nehmen Planung, Genehmigung und Bau dieser Anlagen oft zwischen 7–10 Jahren in Anspruch, sofern es sich um neue Anlagen bzw. Trassen handelt.

Es stellt sich angesichts dieser unterschiedlichen Entwicklungsgeschwindigkeiten die Frage, ob man den Strom überhaupt über größere Distanzen transportieren muss und wenn ja, wie weit?

2. Großräumige Verbrauchsschwerpunkte und Schwerpunkte der Energieproduktion

Die räumliche Distanz beider Schwerpunkte, d. h. zwischen Produktions- und Verbrauchsschwerpunkt, liegt in Rheinland-Pfalz im Durchschnitt bei 50 bis 80 km (Quelle RWE).

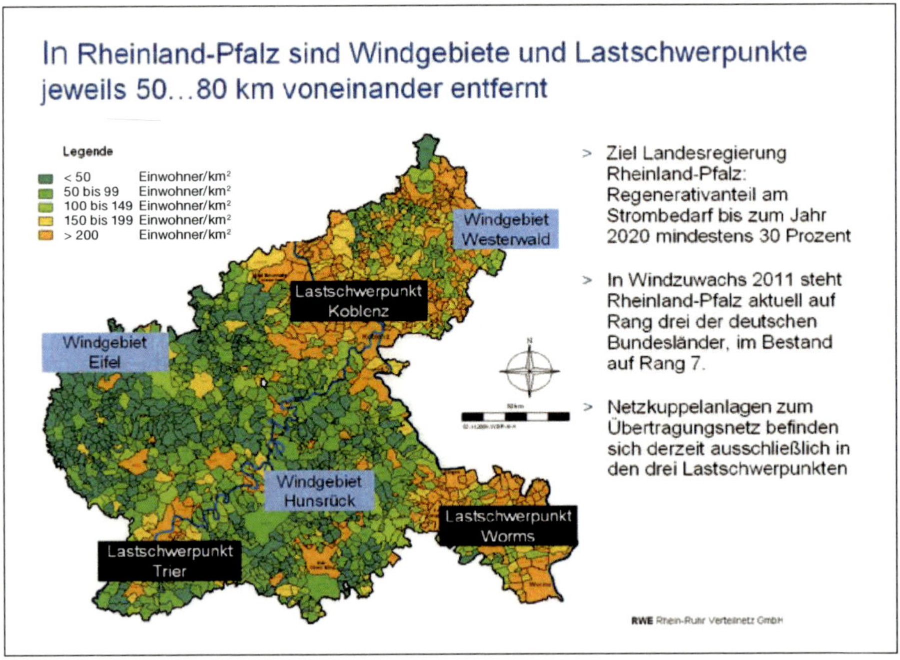

Bei einer mittleren Distanz von 50 bis 80 km wird deutlich, dass auf absehbare Zeit eine „Selbstversorgung" nur im regionalen Maßstab denkbar ist und nicht im lokalen Maßstab.

Eine künftig verstärkte (theoretische) Lenkung von energieintensiven Betrieben in Regionen mit hoher Energieproduktion ist weder auf regionaler Ebene noch durch die einzelnen Gebietskörperschaften zu gewährleisten, eine Lenkungswirkung wird sich durch die Marktmechanismen einstellen, wenn Preis und Verfügbarkeit der Energie gewährleistet sind. Diese kontinuierliche Verfügbarkeit „grüner Energie" ist indes derzeit noch nicht zu gewährleisten.

Eine stetige Energieversorgung aus Wind und Sonne setzt die Fähigkeit zur Energiespeicherung voraus. Es besteht zwischen dem Verbrauchsrhythmus (Tag–Nacht/Winter–Sommer) und dem Produktionsrhythmus (PV nur tagsüber und Wind je nach Wetterlage und Saison) ebenfalls ein asynchrones Verhältnis, weshalb die simple quantitative Gegenüberstellung von Bereitstellung und Bedarf („bilanziell 100 %-Versorgung aus erneuerbaren Energien") vorerst nur ein vereinfachtes Leitbild darstellt. Mit einer tatsächlichen bedarfsorientierten Stromversorgung aus 100 % erneuerbaren Energien ist es aber nicht gleichzusetzen.

3. Wechselwirkungen zwischen den Netzen, Umspannwerken und der Verortung von Windkraftanlagen, großen Freiflächen-Fotovoltaikanlagen etc. – Bsp. der Pfalz

Die Mittelspannungsnetze (1–30 KV) sind vielerorts nah an der Auslastungsgrenze. Nach Aussagen der Betreiber können nur noch an wenigen Stellen leistungsstarke Windkraftanlagen oder größere PV-Anlagen an diese Netze angeschlossen werden. Der bisherige Boom hat die vorhandenen Kapazitäten nahezu ausgeschöpft. Das Problem liegt nicht nur in der Kapazität, sondern in der Spannungshaltung: im 20 KV-Netz, das der Versorgung der einzelnen Kommunen dient. Dort können größere Schwankungen nicht ausgeglichen werden, so dass die Stromqualität nicht mehr gewährleistet werden kann.

Dieser Ausgleich ist technisch nur im Hochspannungsnetz (110 KV) bzw. in den Umspannanlagen zwischen dem 20 KV- und dem 110 KV-Netz möglich. Daher werden schon bald leistungsstarke Anlagen (Windkraftanlagen von > 2,5 MW) entweder

- nur noch direkt (d. h. über eigene, meist unterirdische 20 KV-Kabel) an Umspannwerke angeschlossen werden können (Wirtschaftlichkeit richtet sich nach der Entfernung, dem Untergrund und der daran angeschlossenen, installierten Leistung; Faustregel 1 km pro 1 MW bei günstigen Untergrundverhältnissen wie Acker) oder
- sie müssen so gebündelt werden (zehn und mehr Anlagen), dass sich für sie die Errichtung eines neuen Umspannwerkes an einer bestehenden 110 KV-Leitung lohnt (Kostenpunkt ab ca. 1,2 Mio. €).

Letzteres impliziert eine regionale Koordination bei der Ausweisung von Flächen für derartige Anlagen, unter Berücksichtigung der Entfernung zur nächsten 110 KV-Leitung (Kostenpunkt ab 100.000 € /km je nach Untergrund), zum nächsten Umspannwerk und unter Berücksichtigung der verbleibenden Restkapazität auf der jeweiligen Leitung und bereits eingegangener Netzanschlussanträge. Es erscheint fraglich, ob sich angesichts der Länge dieser Trassen, die sich oft über mehrere Verbandsgemeinden und zahlreiche Ortsgemeinden erstrecken, eine Aufteilung von Restkapazitäten oder gar eine Steuerung von Standorten entlang dieser Gesamttrassen durch die kommunale Ebene gewährleisten lässt, wie es nun z. B. im Landesentwicklungsprogramm IV Rheinland-Pfalz (Entwurf der Teilfortschreibung Januar 2012) vorgesehen ist.

Es deutet einiges darauf hin, dass das Bewusstsein über die Wechselwirkungen zwischen den Netzen, Umspannwerken und der Verortung von Windkraftanlagen und großen Fotovoltaikanlagen bislang nur schwach ausgeprägt ist und somit sich abzeichnende Engpässe, deren Behebung viele Jahre in Anspruch nehmen wird, nicht wahrgenommen werden.

Die nachfolgenden Karten verdeutlichen diese Problematik am Beispiel des Versorgungsgebietes der Pfalzwerke (Quelle: Pfalzwerke):

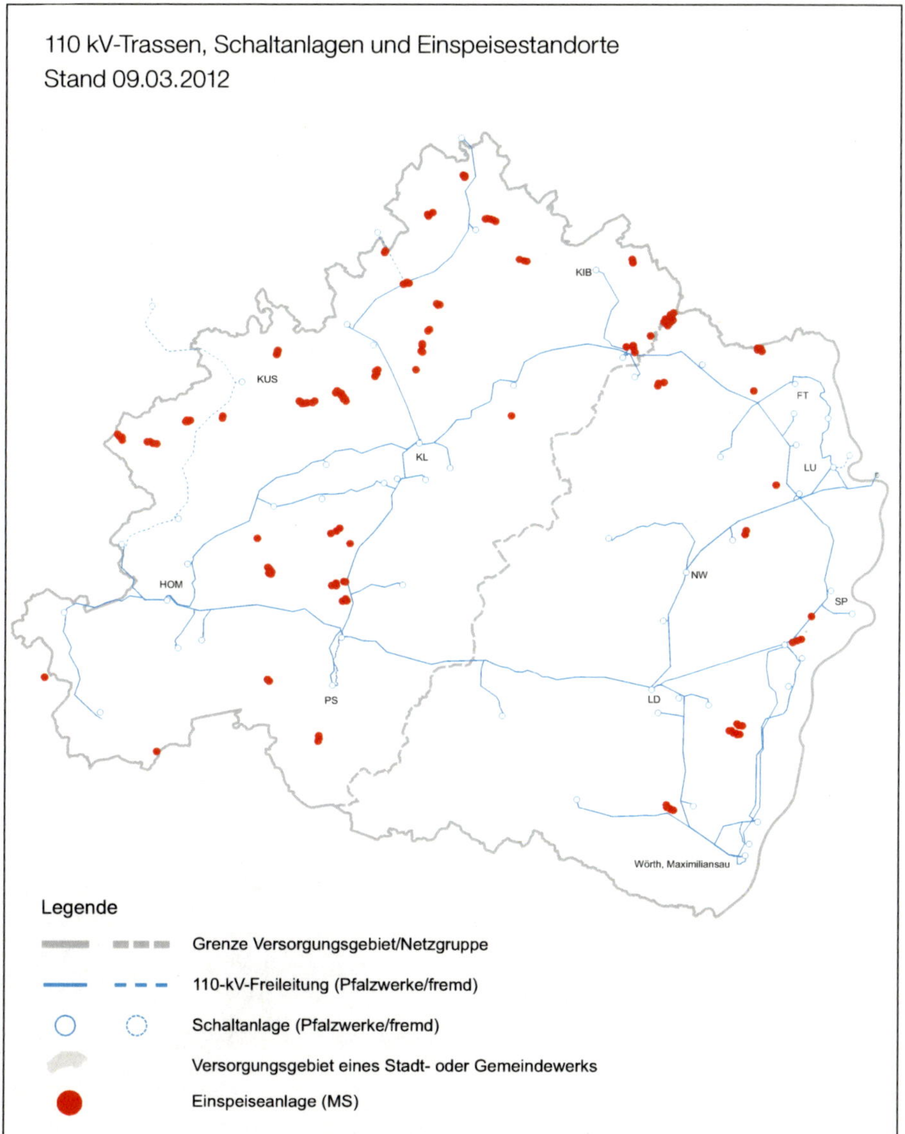

Karte 1 verdeutlicht, dass die Einspeisepunkte der Windkraftanlagen weit überwiegend abseits vom dargestellten 110 KV-Netz erfolgen, also ins 20 KV-Netz (starke Belastung des 20 KV-Netzes).

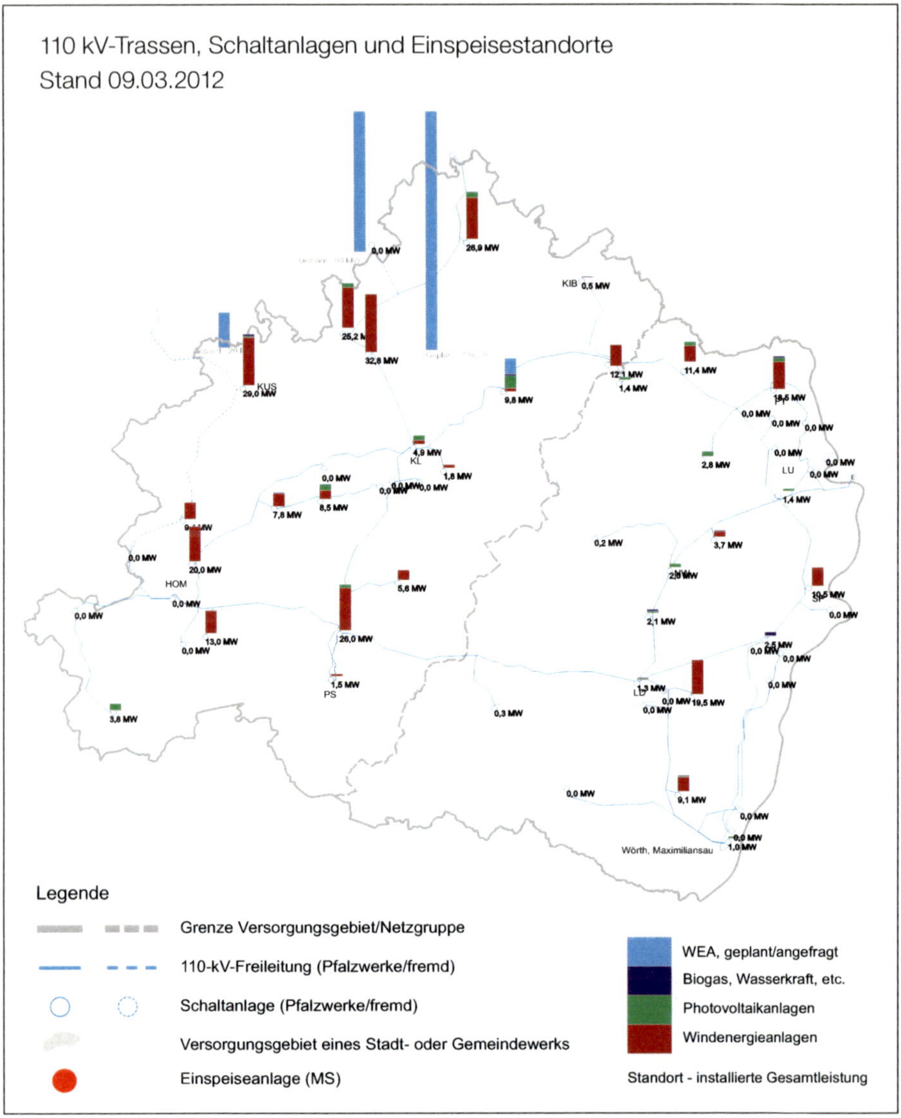

Karte 2 verdeutlicht, dass große zusätzliche Kapazitäten an Windkraftanlagen in Bereichen geplant sind, die jetzt schon stark beansprucht werden und wo es nur wenige leistungsfähige Netze gibt, die selbst schon relativ stark beansprucht sind.

Karte 3 zeigt die resultierenden Engpässe auf, die auf eine mangelnde Berücksichtigung von Netzkapazitäten hindeuten und den Bedarf an verstärkter regionaler Koordination unterstreichen.

4. Netzausbau, Netzertüchtigung und die Planung von Standorten zur Erzeugung regenerativer Energien

Im Hinblick auf eine adäquate Koordination ist die kurz- bis mittelfristige Dimension von der langfristigen Dimension klar zu unterscheiden.

Kurz- bis mittelfristig kommt es darauf an, die Maßnahmen durchzuführen, die am schnellsten zu planen und umzusetzen sind. Es sind dies die Ertüchtigung der bestehenden Hochspannungsleitungen, da hier die Planungs- und Genehmigungsfristen weitaus kürzer sind als beim Bau neuer Trassen (Zeiträume hier: sieben bis zehn Jahre). Dies bedingt indes, dass in den nächsten sieben bis zehn Jahren die künftigen Windenergie- und großflächigen PV-Anlagen schwerpunktmäßig im Umfeld dieser Trassen errichtet werden.

Für die Planung dieser Ausbaumaßnahmen, aber in noch weit größerem Maße für die Planung neuer Trassen und neuer Umspannwerke ist es unerlässlich, dass die künftigen Standorte feststehen und ihre Entwicklung mit der Netzausbauplanung synchronisiert wird. Bislang wird die Ausbauplanung von den Netzbetreibern an den auf regionaler Ebene ausgewiesenen Gebieten (Vorranggebiete, ausschlussfreie Gebiete, Eignungsgebiete ...) ausgerichtet. Diese Planungssicherheit ist aus Sicht der Betreiber unerlässlich für ihre Ausbauplanung. Ohne diese Orientierung, diese Planungssicherheit für die Netzbetreiber, wird die weitere Entwicklung der erneuerbaren Energien schon in wenigen Jahren ins Stocken geraten. Eine weitgehende Öffnung aller Gebiete für die Windkraftanlagen (auf der Basis des LEP-IV-Entwurfs etwa 80 – 85 % aller Flächen) und eine Steuerung, die zu einem noch unbekannten Zeitpunkt in manchen Kommunen erfolgt, in anderen nicht, stellt für die Planung des Netzausbaus keine geeignete Grundlage dar. Werden dann Anlagen an Standorten realisiert, wo die Abführung des erzeugten Stroms teilweise nicht möglich ist, geht dies zu Lasten der Stromkunden, verteuert die Energie, ohne dass die Energiewende dadurch nennenswert beschleunigt worden wäre. Selbst wenn manche Kritiker den Netzbetreibern unterstellen, die erforderlichen Investitionen zu scheuen bzw. hinauszuzögern, muss man sich fragen, ob man ihnen in diesem Falle nicht gerade ein gutes Argument liefert, wenn ihnen die Planungsgrundlage genommen wird.

III. Ersatz regionaler Koordination durch lokale Klimaschutzkonzepte und Flächennutzungsplanung?

Den aktuellen Überlegungen (LEP IV) zufolge, sollen künftig die Kommunen direkt den weiteren Ausbau der erneuerbaren Energien betreiben und nicht im Rahmen der regionalen Planungsgemeinschaften, denen sie angehören.

Dies soll künftig vor allem über Flächennutzungspläne auf der Ebene der Städte und Verbandsgemeinden erfolgen. Um gegenüber dem Privilegierungstatbestand nach §35 BauGB eine Ausschlusswirkung außerhalb der Sondergebiete für die Windkraftnutzung und damit eine Steuerung zu erzielen, war es schon bislang erforderlich, ein schlüssiges und nachvollziehbares Konzept zu haben, das dem Flächennutzungsplan zugrunde liegt. Darin ist eine Untersuchung des gesamten Gebietes der Verbandgemeinde durchzuführen und der Nachweis zu erbringen, dass die ausgewählten Standorte geeignet sind (gegebene Windhöffigkeit, keine Ausschlussgründe) und dass damit der sog. „substanzielle Beitrag“ für die Entwicklung der erneuerbaren Energien möglich ist. Die angewandten Kriterien müssen transparent sein und dürfen nicht subjektiv gelenkt sein (z. B. nur Ausweisung von Flächen, die sich im kommunalen Besitz befinden).

Einige Kommunen haben sich dieser Aufgabe gestellt, andere nicht. Dabei waren nicht immer Unwillen oder Desinteresse der Grund für ihre Zurückhaltung, sondern auch die Kosten für die Erstellung derartiger Konzepte (auf VG-Ebene 30.000 – 80.000 € + ähnliche Kosten für die Fortschreibung des Flächennutzungsplanes bei Fremdvergabe, während der Ertrag daraus primär Betreibern und einzelnen Landwirten, z.T. einzelnen Ortsgemeinden zugutekam). Die Frage ist bereits aufgetaucht, warum eine Verbandsgemeinde, selbst oft in finanziellen Nöten, diese Kosten tragen sollte, obwohl sie davon nicht profitiert?

Bislang war die Bereitschaft zur Erstellung solcher Konzepte in denjenigen Regionen deutlich stärker ausgeprägt, wo es mehr Flächen gab, bei denen die Regionalplanung den Kommunen planerischen Spielraum ließ, also Steuerungsmöglichkeiten bzw. Steuerungsbedarf bestand: Während in der Westpfalz (1/8 Vorranggebiete, 7/8 afG) 40 % der Verbandsgemeinden bzw. Städte ein solches Konzept erstellt haben (weitere 20 % mit Einschränkungen), sind es in der Region Rheinhessen-Nahe (7/8 Vorrang, 1/8 Eignungsgebiete) nur 5 % (+2 % in der Entstehung). Die Ausgangssituationen sind somit von Region zu Region durchaus unterschiedlich.

Die Qualität, Gründlichkeit und der Umfang der bisherigen Konzepte, die der Ausweisung von Standorten für Windkraftanlagen zugrunde lagen, variiert stark. Es fehlt hierbei eindeutig an einem Standard, an der erforderlichen Qualitätssicherung. Gerade in kleineren Verbandsgemeinden in ländlichen Gebieten fehlt es angesichts knapper Kassen, der Beteiligung am Entschuldungsfonds etc. an finanziellen Mitteln, um diese Konzepte zu erstellen. Ob kreisweite Konzepte, wie derzeit eines im Landkreis Südwestpfalz erstellt wird, als Ersatz von Konzepten auf VG-Ebene fungieren können, wird wesentlich von ihren Inhalten und ihrem Maßstab abhängen. Allerdings zeigen sich bereits Befürchtungen einzelner Orts- und Verbandsgemeinden, von den Kreisen bevormundet zu werden und sie pochen auf eine angemessene Einbeziehung und Berücksichtigung ihrer Interessen.

Des Weiteren ist bislang ungeklärt, wie diese Konzepte untereinander abgestimmt werden, was insbesondere an den Grenzen der Gemarkungen leicht zu Problemen oder Konflikten führen kann. Können die Kreise hier eine koordinierende Rolle einnehmen, auch über ihre Zuständigkeit in Bezug auf die Genehmigung von Flächennutzungsplänen? Dies würde indes nur dann funktionieren, wenn sie schon im Vorfeld auf eine inhaltliche und qualitative Harmonisierung der Klimaschutzkonzepte hinwirken würden (was ein Kreis in der Region Trier versucht).

Ein Klimaschutzkonzept ist inhaltlich weit mehr als nur ein Konzept zur Ausweisung von Standorten für Windkraftanlagen. Das Ziel der Konzentration/Bündelung kann indes durchaus zu konfliktträchtigen Situationen zwischen Verbandsgemeinden und einzelnen Ortsgemeinden führen. Wichtig ist aber auch, dass neben Aspekten wie Energieeinsparung und Energieeffizienz auch der Aspekt lokaler Netze behandelt wird: Nahwärmenetze (Leitungskanäle), Zuordnung von Anlagen, die Restwärme nutzen können, Trassensicherung für unterirdische 20KV-Einspeisenetze usw.

Ein Verzicht auf derartige Konzepte ist indes nur möglich, wenn man das ebenfalls angestrebte Ziel der „Konzentration“ von Anlagen an den geeignetsten Standorten aufgibt und den Bau der Anlagen räumlich nicht mehr steuert, sondern nur noch die erforderlichen Voraussetzungen für die immissionsschutzrechtliche Genehmigung zu erfüllen sind. Eine Konzentration dagegen ist nur im Kontext der Flächennutzungsplanung möglich und diese setzt wiederum ein schlüssiges Konzept, das die o.g. Kriterien erfüllt, voraus, um den Privilegierungstatbestand nach BauGB eingrenzen zu können.

IV. Die Netzproblematik auf lokaler Ebene

1. Einspeisenetze als Ausweg aus dem Engpass bei den lokalen 20 KV-Netzen?

Die zur Versorgung dienenden lokalen 20 KV-Netze eignen sich immer weniger, um den Strom aus erneuerbaren Energien aufzunehmen. Mengen und Unstetigkeit werden zu einem massiven Engpassfaktor. Die Entwicklung sog. Einspeisenetze kann dazu beitragen, die Netzintegration zu erleichtern. Diese i.d.R. unterirdischen Trassen sind rechtzeitig bauleitplanerisch zu berücksichtigen. Ein Beispiel für ein solches Einspeisenetz stellt das Einspeisenetz der ENERTRAG AG in der Uckermark dar:

Kennzahlen des ENERTRAG-Einspeisenetzes

- Investitionssumme: 32,5 Mio. €
- Länge: 250 km Erdkabel (mit Temperaturüberwachung)
- Maximale Kapazität: 410 MW
- Derzeit angeschlossene Kapazität: 260 MW (davon 240 MW Wind und 20 MW Biogas)
- Anzahl Umspannwerke: vier

Dieses Beispiel verdeutlicht, dass es sich um ein Netz handelt, das eher im regionalen, ggf. auch kreisweiten Maßstab angesiedelt ist und nicht im lokalen Maßstab. Nur dann lohnen sich jene Investitionen, die den Netzausgleich schaffen und zugleich sind die Windkraftanlagen in einer bestimmten Distanz zueinander, die die Wahrscheinlichkeit erhöht, dass die Energieproduktion nicht überall gleichzeitig erfolgt, sondern zeitversetzt, was der Grundlastfähigkeit des Stroms zugutekommt. Indes bedeutet ein solcher Ansatz erneut eine interkommunale bis regionale Abstimmung und Verhandlungen mit einem Partner, der ein gesamthaftes Konzept umsetzt. Die unterschiedlichsten Betreiber, Projektentwickler und Investoren, die derzeit die einzelnen Kommunen mit ihren Vorhaben aufsuchen, schaffen Fakten, die eine solche Lösung mit einem großräumigen Einspeisenetz spürbar erschweren.

2. Kleinräumige Produktionsstandorte und Direktversorgung

Idealerweise sollte versucht werden, neben der Netzeinspeisung lokale Großverbraucher direkt mit Strom zu versorgen und ihnen somit eine dauerhaft preiswerte Stromlieferung anzubieten. Was zunächst einfach klingt, wirft indes in der Umsetzung zahlreiche Fragen und Probleme auf, die im Einzelfall das Vorhaben ver- oder behindern können:

- Das Problem der Flächenverfügbarkeit und Flächeneignung (Windhöffigkeit etc.) in der Nähe eines Großverbrauchers.
- Die Kosten einer eigenen Direktleitung (110 KV-Freileitung, 20 KV-Erdkabel) vs. hohe Netzdurchleitungsgebühren bei Nutzung öffentlicher Netze, welche den „preiswert“ hergestellten Strom spürbar verteuern können, bevor er den Abnehmer erreicht. Die Unternehmen selbst sehen es bisweilen nicht als ihre Aufgabe an, hohe Investitionsmittel in Leitungstrassen vorzunehmen, da diese Mittel dann für andere Investitionen im Betrieb fehlen.
- Das Problem der Unstetigkeit der Verfügbarkeit von Windkraft, von Solarstrom ist erheblich. Nur wenige Betriebe sind in der Lage und willens, ihre Produktion daran anzupassen (s. Strategie Fa. Heger-Ferrit), um den Anteil des Strom aus erneuerbaren Energien zu erhöhen.
- Die bisherigen Speichertechnologien für Strom sind noch zu teuer (z. B. Batterien), zudem sind sie bislang nur für geringe Strommengen geeignet und können nur kurze Zeiträume überbrücken.
- Zudem können gesteigerte Bedarfe (Produktionsausweitung) oder wetter- bzw. klimabedingte Schwankungen (verringerte Windhöffigkeit in den zurückliegenden sechs Jahren) nicht kurzfristig kompensiert werden, wenn nicht weitere Stromquellen zur Verfügung stehen.

3. Direktversorgung mit Energie in unterschiedlichen Formen

Stromnetze in kommunaler Trägerschaft bzw. lokale Energieversorger können im jeweiligen Gemeindegebiet oder der unmittelbaren Nachbarschaft interessante Alternativen sein, wenn die EEG-Vergütung nicht oder nicht mehr greift, wie z. B. bei größeren Freiflächenfotovoltaikanlagen, bereits fördertechnisch „abgelaufene“ Windkraftanlagen etc. Entsprechende langfristige Verträge können die Abnahme sichern und damit den Strompreis für die Kunden dieser kommunalen Versorger stabilisieren.

Es könnte sich die Frage stellen, ob kommunale Energienetze zum Standortfaktor für künftige Anlagen zur Produktion erneuerbarer Energien werden?

Aber nur die wenigsten Kommunen haben noch eigene Netze bzw. betreiben sie noch. (Quelle: Pfalzwerke)

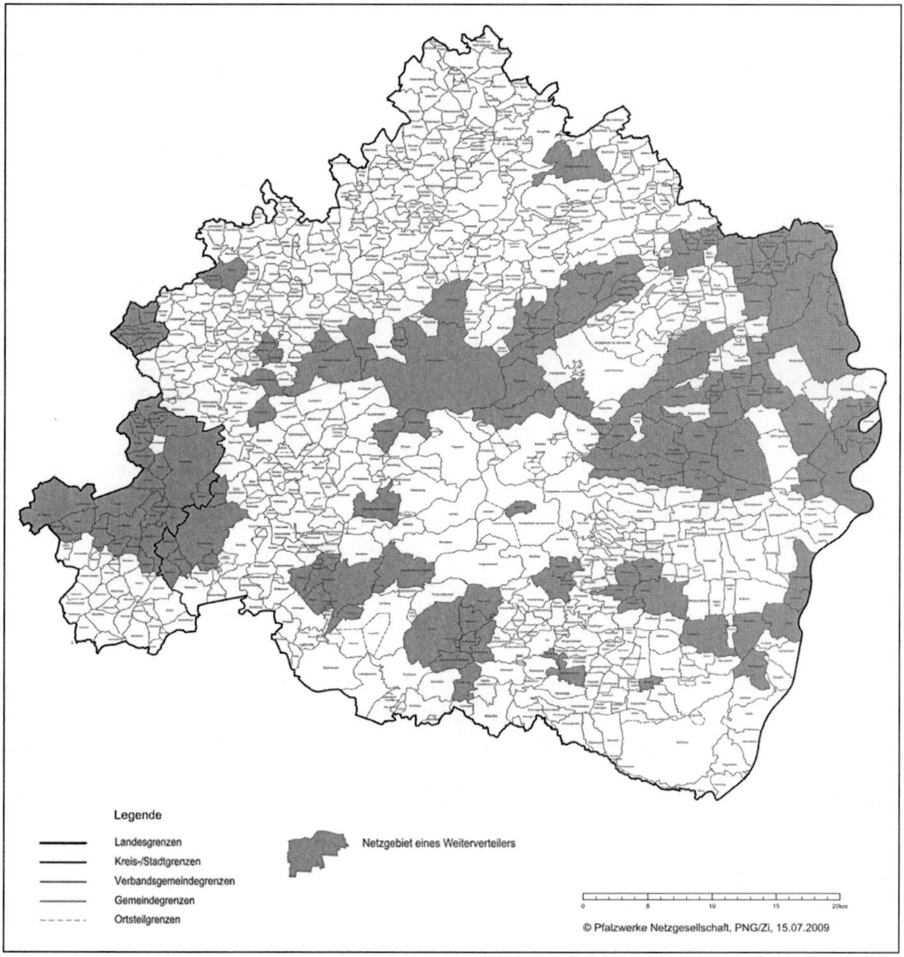

Kommunale Netze findet man meist in städtischen Räumen, weniger in ländlichen Räumen, wo die Produktion erneuerbarer Energien überwiegend stattfindet.

In Bezug auf den Energieträger „Gas“ ist anzumerken, dass die ersten Hybridkraftwerke entstehen bzw. am Netz sind. „Windgas“ in Form von Wasserstoff oder Erdgas kann dazu beitragen, die Energieproduktion gleichmäßiger zu gestalten bzw. bislang mit Gas nicht versorgte Kommunen versorgen bzw. ihr produziertes Gas ins allgemeine Gasnetz einspeisen und damit (in größeren Mengen und über größere Zeiträume) speicherbar machen. Hybridkraftwerke mit Methanisierungstechnologie sollten in der Nähe von Windkraftanlagen und Biogas- oder Kläranlagen errichtet werden, weshalb die Bauleitplanung entsprechende Areale in deren Umfeld vorsehen sollte.

Bezüglich der Wärmeproduktion und Abwärmenutzung ist anzumerken, dass es für die Bauleitplanung auf die räumliche Zuordnung von Abwärmenutzung und BHKWs für die Nahwärmeversorgung ankommt. Die planerische Herausforderung liegt in der Zuordnung bzw. Begrenzung der Entfernung zwischen BHKWs zu kommunalen Einrichtungen (Schwimmbäder, Schulen, Verwaltungsgebäude), zu Neubaugebieten oder Gewerbegebieten, wobei als Orientierungswert für die Wirtschaftlichkeit eine maximale Distanz von ca. 1000 m genannt werden kann.

4. Energiekaskaden

Die Nutzung erneuerbarer Energien muss mit ihrer effizienten Nutzung einhergehen. Verluste durch Abschaltungen wegen Netzüberlastungen oder die Nicht-Nutzung von Abwärme verringern die Wirtschaftlichkeit des Umbaus der Energieversorgung erheblich zulasten der Kunden/Endverbraucher. Dabei wird es verstärkt darauf ankommen, im Wärmebereich auch noch so geringe Restwärmen entsprechend ihrer Eignung zu nutzen. Hierfür sind z. B. bei der Planung von Standorten der Energieproduktion, bei denen Abwärme entsteht, Standorte für gewerbliche oder landwirtschaftliche Betriebe so zuzuordnen, dass die Restwärme unterschiedlicher Niveaus Stufe für Stufe weitergenutzt werden kann (Heizen, Trocknen, Gewächshäuser etc.).

Des Weiteren sollten Konzepte entwickelt werden, die es ermöglichen, bei künftigen Planungen, Ausgestaltungen und Belegungen von Industrie- und Gewerbegebieten verstärkt die jeweiligen Energiebedarfe zu berücksichtigen. Probleme beim Wechsel des Betriebes sind indes nicht ausgeschlossen und bedürfen besonderer Berücksichtigung in einem solchen Konzept.

V. Netzentlastung – kommunaler Beitrag zur Erhöhung der Grundlastfähigkeit

Im Rahmen lokaler Klimaschutzkonzepte sollten eigene Energieversorgungskonzepte integriert werden. Diese müssen nicht immer deckungsgleich mit dem Gebiet einer Verbandsgemeinde sein und sollten sich an den verfügbaren Ressourcen orientieren: Der richtige Mix aus Energie aus Windkraft, Photovoltaik, Biomasse, Wasserkraft und entsprechender Zuordnung zu Abnehmern der verschiedenen Energieformen (Strom, Wärme, Abwärme) können der Schlüssel zur Energiewende auf lokaler Ebene sein. Hinzu kommen die bereits erwähnten Energiespeichersysteme (Windgas), die es in diesem Maßstab bereits gibt (für die Einbeziehung von ca. drei Anlagen der 2–2,5 MW-Klasse).

Die Nutzung intelligenter Steuerungssysteme für die Energieerzeugung und den Energieverbrauch, sog. „intelligente Netze" können erheblich dazu beitragen, die verfügbare Energie und den Energieverbrauch besser aufeinander abzustimmen. Die Zukunft heißt in diesem Bereich „Internet der Energie". Hierzu zählt beispielsweise die zentrale Steuerung der Zu- und Abschaltung bestimmter Verbraucher, so z. B. auch die Waschmaschine im Privathaushalt je nach anfallender Energie.

In eine ähnliche Richtung gehen auch sog. „virtuelle Kraftwerke", d. h. die Kombination dezentraler kleinerer Kraftwerke/BHKWs, die Grundversorgung und Netzausgleich flexibler gestalten können als große Kraftwerke, die je nach Technologie nur aufwendig und mit entsprechender Verzögerung zu- oder abgeschaltet werden können. Dies kann dazu beitragen, den bislang zu hohen, ungenutzten Anteil (30 %) an erzeugter Energie aus regenerativen Quellen zu verringern.

Auch bei der Energiespeicherung gibt es Potenziale in diesem Kontext, so z. B. durch Nutzung der Batterien der PKWs und ggf. in Zukunft bei entsprechender Aufladung von Elektro- oder Hybridfahrzeugen.

Die letztgenannten Ansätze erfolgen zwar lokal, sind aber nur in geringem Umfang Sache der jeweiligen Gemeinde oder Verbandsgemeinde. Wie können sich also die Kommunen verstärkt selbst als Akteur der Energiewende durch ihre Planungshoheit einbringen, jenseits der bereits angesprochenen lokalen Klimakonzepte und deren Überführung in die Flächennutzungspläne?

- Bei saisonalen Verbrauchern wird in einigen Kommunen bereits der Einsatz mobiler Wärmeerzeugungsanlagen praktiziert, die die Auslastung der Anlagen in ihrer Wirtschaftlichkeit erhöht (Heizen der Schule im Winter, des Frei-

bades im Sommer etc.). Hierfür sind entsprechende Anlagen zu konzipieren und Stellflächen vorzuhalten.
- Bei der Planung von öffentlichen Gebäuden ist die räumliche Nähe zueinander ein Gunstfaktor für den Einsatz von Nahwärmesystemen (Bauleitplanung! > Poolbildung), insgesamt ist auch die Ausrichtung (Sonne) sowie Anordnung (Wind) der öffentlichen und privaten Gebäude zu achten. Kleine Energieerzeugungsanlagen werden verstärkt in Gebäudenähe entstehen.

Zahlreiche weitere andere Betätigungsmöglichkeiten der Kommunen bestehen durchaus, weisen aber keinen unmittelbaren Bezug zur Bauleitplanung auf.

Allerdings sehen sich viele kommunale Akteure noch mit Schwierigkeiten und Inkohärenzen konfrontiert, die es zu beseitigen gilt:

- Bislang ist nur ca. 1 % des Gebäudebestandes saniert. Das Energieeinsparpotenzial ist daher noch ganz erheblich. Allerdings sind die Regionen mit sinkenden Bevölkerungszahlen in dem Dilemma, dass die Immobilienwerte und Mieten so niedrig sind, dass sich eine energetische Sanierung (noch) nicht lohnt.
- Inkohärenzen im Planungsrecht sind zu beseitigen, wie z. B. die Verbindung von Einstufung des Betriebs einer Dach-PV-Anlage als Gewerbe und dem Ausschluss gewerblicher Tätigkeit in reinen Wohngebieten.
- Inkohärenzen bei Gebühren, wie z. B. den Abfallgebühren, die von Betreibern von PV-Anlagen verlangt werden.
- Kurzfristige Änderungen bei Förderbedingungen, die bereits eingeleitete Projekte wirtschaftlich untergraben, verbunden mit entsprechenden Kosten und rechtlichen Problemen zwischen den Beteiligten.

Insgesamt ist zu betonen, dass die Energiewende nur dann gelingen kann, wenn die technischen Erfordernisse in die politischen Entscheidungen stärker einfließen, wenn trotz ambitionierter Ziele die Koordination nicht vernachlässigt wird und für diesen Prozess, der noch Jahre und Jahrzehnte beanspruchen wird, zuverlässige Rahmenbedingungen und Planungsgrundlagen bestehen. Nicht zuletzt ist weit mehr Aufmerksamkeit den Speichertechnologien zu widmen, auch um die Netzproblematik abzumildern.

Steuerung der Windenergie in der Landes- und Regionalplanung vor dem Hintergrund der raumplanerischen Ausgleichsfunktion*

*RegDir Golo Eckhardt***

I. Einführung/Ausgangslage

Was kann die Raumordnung zur Unterstützung der Windenergie tun?

Diese Frage lässt sich vordergründig leicht beantworten: Insbesondere können in einem Raumordnungsplan Gebiete für Raumnutzungen und Raumfunktionen ausgewiesen werden. Für eine Steuerung der Windenergie kommen also unter anderem Vorbehaltsgebiete und Vorranggebiete in Betracht. Während in Vorbehaltsgebieten einer bestimmten Nutzung bei der Abwägung mit anderen Nutzungen ein besonderes Gewicht beizumessen ist (§ 8 Abs. 7 S. 1 Nr. 2 ROG), bedeutet das Vorranggebiet die Flächenreservierung für eine bestimmte Nutzung dergestalt, dass ihr diese Fläche nicht mehr von anderen, nicht kompatiblen Nutzungen streitig gemacht werden kann (§ 8 Abs. 7 S. 1 Nr. 1 ROG).

Die spannende Frage ist aber: Wo sind der Raumordnung bei diesen Möglichkeiten Grenzen gesetzt aufgrund ihrer eigenen gesetzlichen Aufgabe, bei konfligierenden Raumansprüchen einen Ausgleich zu schaffen?

In letzter Zeit kann man sich durchaus die Frage stellen, ob die Raumordnung der Ausgleichsfunktion noch gerecht wird. So reservieren die Raumordnungspläne für die deutsche ausschließliche Wirtschaftszone (AWZ) zum

* Der Beitrag gibt die Meinung des Verfassers wieder und wurde nicht im BMVBS abgestimmt.

** Regierungsdirektor im Bundesministerium für Verkehr, Bau und Stadtentwicklung.

einen riesige Flächen für die Windenergie und schließen diese Flächen damit für andere, nicht kompatible Nutzungen aus, aber sie beschränken kaum neue Windenergiepark-Planungen im übrigen Plangebiet. Gleichsam gibt es zurzeit in vielen Bundesländern keine umfassende Steuerung der Windenergie durch die Raumordnung: Zwar werden Vorranggebiete für die Windenergie ausgewiesen, eine Ausschlusswirkung an anderer Stelle des Plangebiets scheint jedoch nicht durchsetzbar. Dies geht sogar so weit, dass in Baden-Württemberg und im Saarland – von höchster politischer Ebene angeordnet – die wohl abgewogenen Festlegungen zur Windenergie in den aktuellen Raumordnungsplänen außer Kraft gesetzt werden mit der Folge, dass hinsichtlich der Windenergie die Raumordnung ihre Steuerung – zumindest vorübergehend – vollständig aufgibt.

Am Anfang soll ein Blick auf das Energiekonzept der Bundesregierung stehen:

Die Bundesregierung hat in ihrem Energiekonzept vom 28. September 2010 die Leitlinien für die künftige Energiepolitik festgelegt. Danach soll der Bruttoendenergieverbrauch im Jahr 2050 zu 60 % durch erneuerbare Energien gedeckt werden. Die Onshore-Windenergie sei ein wesentlicher Baustein, um dieses Ziel zu erreichen.

Neben Konzepten zur finanziellen Förderung trifft das Energiekonzept hinsichtlich der planerischen Rahmenbedingungen der Onshore-Windenergie unter anderem die folgende Aussage:

> *„Die Windenergie an Land bietet kurz- und mittelfristig das wirtschaftlichste Ausbaupotenzial im Bereich erneuerbarer Energien. ... Um die Potenziale für die Windenergie an Land und andere Formen erneuerbarer Energien optimal erschließen zu können, wird die Bundesregierung eine Initiative auf den Weg bringen, um gemeinsam mit den Länder und Kommunen die Raumordnungspläne mit dem Ziel weiterzuentwickeln, dass ausreichende Flächen für neue Windenergiegebiete ausgewiesen werden."*

Diese Aussage zur Onshore-Windenergie muss aber in ihrem Kontext gelesen werden:

1. Zum einen heißt es dort im letztgenannten Satz auch:

   „... und andere Formen erneuerbarer Energien ..."

   (Das Energiekonzept nennt diesbezüglich an anderer Stelle bspw. die „Nutzung und Erzeugung von Bioenergie".)

2. Und zum Anderen schließen sich speziell an den ersten Satz der oben zitierten Passage zur Onshore-Windenergie die folgenden Sätze an:

„Dieser Ausbau (der Windenergie an Land, der Verf.) muss entsprechend den naturschutzrechtlichen Regelungen mit dem Landschaftsbild und Naturschutz verträglich gestaltet werden. Ein Schwerpunkt sollte insbesondere die Leistungsausweitung an bestehenden Standorten sein (Repowering), also der Ersatz alter durch effizientere neue Anlagen. Zur Erschließung dieser Potenziale werden wir den gesetzlichen und planungsrechtlichen Rahmen verbessern."

Das Energiekonzept der Bundesregierung bejubelt also mitnichten blind die Onshore-Windenergie, sondern setzt die planerischen Absichten wohlverstanden in den Kontext mit anderen Formen von Energien und Energietechnologien (wie Biomassenutzung), mit (ganz) anderen Raumnutzungen und -funktionen (wie Landschaftsbild, Naturschutz) sowie mit konfliktminimierenden Flächenbegrenzungsmaßnahmen (wie Repowering).

Dies ist ein Teil des planerischen Koordinierungsansatzes, wie er der Raumordnung innewohnt. Es zeigt sich einmal mehr, dass viele Fachpolitiken aus sich heraus auch raumordnerische Ziele verfolgen. Bei dem genannten Papier steht „Energiekonzept" drauf, aber drin ist auch ein beachtliches Stück Raumordnung.

Den beiden eben genannten Aspekten der Ausgleichsfunktion bzw. des konfliktminimierenden Raummanagements – einerseits Abwägung konfligierender Raumnutzungen und -funktionen, andererseits Flächenbegrenzungsmaßnahmen – soll nun näher nachgegangen werden. Dabei, so der Wunsch von Herrn Prof. Dr. Spannowsky, soll beim ersten Aspekt insbesondere das Spannungsverhältnis zwischen Windenergie und Freiraumschutz, und beim zweiten Aspekt soll insbesondere das Repowering betrachtet werden.

II. Ausgleich konfligierender Raumnutzungen und -funktionen

Im Rahmen ihrer Aufgabe bzw. Leitvorstellung einer nachhaltigen Raumentwicklung muss die Raumordnung nachhaltige Raumnutzungen wie bspw. die Windenergie unterstützen, sie muss aber zugleich ihre Ausgleichsfunktion erfüllen: Unterschiedliche Anforderungen an den Raum sind aufeinander abzustimmen und die auf der jeweiligen Planungsebene auftretenden Konflikte sind auszugleichen (§ 1 Abs. 1 ROG); die sozialen und wirtschaftlichen Ansprüche an den Raum sind mit seinen ökologischen Funktionen in Einklang zu bringen; Ziel ist eine dauerhafte, großräumig ausgewogene Ordnung (§ 1 Abs. 2 ROG). Die Raumordnung hat somit im deutschen Rechtssystem die Stellung einer fachübergreifenden Materie. Die Sichtweise der Raumordnung darf daher nicht sektoral ausgerichtet sein (einseitige Umsetzung der Ziele der Verkehrspolitik, der Energiepolitik oder der Umweltschutzpolitik etc.), sondern muss immer aus der fachübergreifenden Aufgabe folgen, für einen Ausgleich der vielfältigen Raumnutzungen zu sorgen. Diese Ausgleichsfunktion nimmt die Raumordnung durch ein konfliktminimierendes Raummanagement wahr, dem sie insbesondere durch die Abwägung konfligierender Raumnutzungen nachkommt.

Ihre Koordinierungs- und Lenkungsfunktion erfüllt die Raumordnungsplanung in erster Linie durch die Aufstellung von Raumordnungsplänen. Dabei sind alle erkennbaren öffentlichen und privaten Belange gegeneinander abzuwägen (§ 7 Abs. 2 ROG). Das Spannungsverhältnis zu anderen Raumnutzungen und Raumfunktionen, in dem sich etwaige raumplanerische Festlegungen zur Windenergie befinden, ist damit klar ersichtlich.

Wir alle kennen das Sankt-Florian-Prinzip: Jeder will die funktionierende Nutzung von erneuerbaren Energien, aber keine will Windenergieanlagen vor der eigenen Haustür. Letzteres natürlich zu Recht nicht. Aber die Folge ist unweigerlich, dass andere Standorte für die Windenergie gefunden werden müssen, und dies wird, um in der Sprache der Raumplaner zu bleiben, im Bereich des sogenannten Freiraums der Fall sein. Dieser hat aber auch wichtige ökologische Funktionen, die sich mit einer extensiven Nutzung durch die Windenergie nicht immer vereinbaren lassen.

Die Entwicklung und der Schutz des Freiraums sind nicht nur eine Aufgabe der Naturschutz-Fachplanung, sondern auch der Raumordnung. Denn der Schutz des Freiraums vor unverträglichen Nutzungen – sei es vor weiterer Flächeninanspruchnahme, sei es vor Zerschneidung – nimmt auch im gesamtplanerischen Kontext einen stets größer werdenden Stellenwert ein: Es geht um das Zusammenspiel von großräumig bedeutsamen ökologischen Funktionszusammenhängen im Naturhaushalt, beispielsweise mit der Ausdehnung der Siedlungsbereiche, mit neuen Trassen für Netz- und Verkehrsinfrastrukturen, mit großen gebäudeunabhängigen Photovoltaikanlagen, mit großräumiger Intensivierung der landwirtschaftlichen Nutzung und eben auch mit Windkraftanlagen. Der Raumplaner hat mit seiner überörtlichen und gesamträumlichen Sichtweise dabei nicht nur einzelne Freiräume im Auge, sondern auch Freiraumverbundsysteme, die sich aus mehreren Freiraumfestlegungen zusammensetzen. In erster Linie geschieht dies durch Festlegungen von nationalen Natur- und Regionalparken, aber auch durch die europarechtlich geprägten Natura-2000-Gebiete. Als weitere Bestandteile eines „ökologisch wirksamen großräumigen Freiraumverbundes“ sind Gebiete zu rechnen, die eine besondere Schutzgut-spezifische Funktion haben.

Die Regelungskompetenz der Raumordnung ergibt sich hier schon aus den gesetzlichen Grundsätzen der Raumordnung: Der Freiraum ist durch übergreifende Freiraum-, Siedlungs- und weitere Fachplanungen zu schützen, und es ist ein großräumig übergreifendes, ökologisch wirksames Freiraumverbundsystem zu schaffen (§ 2 Abs. 2 Nr. 2 S. 5 ROG). Dabei sind die weitere Zerschneidung der freien Landschaft und Waldflächen so weit wie möglich zu vermeiden und die Flächeninanspruchnahme im Freiraum zu begrenzen (§ 2 Abs. 2 Nr. 2 S. 6 ROG).

In den Raumordnungsplänen der Länder und der Regionen ist dieser gesetzliche Grundsatz zu konkretisieren, indem dort Festlegungen zum Freiraum getroffen werden (§ 8 Abs. 5 S. 1 Nr. 2 ROG), insbesondere zur Entwicklung großräumiger, übergreifender Freiräume und des Freiraumschutzes sowie zur Sanierung und Entwicklung von Raumfunktionen (§ 8 Abs. 5 S. 1 Nr. 2a und 2c ROG). Hierbei spielt auch der Konfliktausgleich zwischen den einzelnen Funktionen des Freiraums wie der Bewahrung des Naturraums (Naturschutzfunktion) und der Schaffung von Freizeiträumen (Erholungsfunktion) eine Rolle, wodurch zu einer integrierten nachhaltigen Entwicklung von Regionen beigetragen wird.

Auch soweit die rechtlichen Grundlagen der einzelnen Schutzgebiete schon fachgesetzlich, also im Bundesnaturschutzgesetz sowie in den Naturschutzgesetzen der Länder geregelt sind (Natura-2000-Gebiete und Naturparke), hat die Raumordnung eine – daran anknüpfende und zugleich darüber hinausgehende – Regelungsverpflichtung: Die Raumordnungspläne sollen auch Festlegungen zu fachgesetzlich geregelten raumbedeutsamen Planungen und Maßnahmen enthalten, die zur Aufnahme in Raumordnungspläne geeignet und zur Koordinierung von Raumansprüchen erforderlich sind und die durch Ziele oder Grundsätze der Raumordnung gesichert werden können (§ 8 Abs. 6 ROG).

Wichtig ist auch ein anderer, für die Raumordnung ganz wesentlicher Gedanke:

Dem Ziel der nachhaltigen Raumentwicklung, und damit auch den Festlegungen in Raumordnungsplänen, liegt eine mittelfristige Sichtweise zugrunde. Das aber bedeutet: Festlegungen, die nur die Gegenwart oder gar nur kurzlebige Modeerscheinungen im Blick haben, sind der Raumordnung genauso verwehrt wie Festlegungen, die nur ferne Visionen widerspiegeln.

Damit soll nicht gesagt sein, dass die Nutzung der Windenergie nur eine kurzlebige Modeerscheinung, oder dass sie nur eine realitätsferne Vision ist.

Mitnichten. Aber es muss klar sein, dass der derzeitige Fokus bzw. „run" auf die Windenergie ein wenig den Blick verstellt auf die übrigen Nutzungen und Funktionen, die ebenfalls zu einer nachhaltigen Raumentwicklung beitragen, wie andere Formen erneuerbarer Energien, wie aber eben auch der Freiraumschutz. Auch diese muss die Raumordnung unterstützen. Werden hier Konflikte sichtbar, darf die Raumordnung nicht Festlegungen zugunsten der Windenergie treffen, die letztlich zu einer „Verhinderungsplanung" hinsichtlich der übrigen Raumnutzungen und -funktionen führen.

Und das Stichwort „Verhinderungsplanung" führt zu einem weiteren Aspekt, den die Raumordnung nicht aus den Augen lassen darf: Raumplanerische Festlegungen müssen das Ergebnis einer umfassenden Abwägung sein, die – örtlich gesehen – einerseits auf die konkret infrage stehende Fläche, und andererseits auf ein gesamträumliches Planungskonzept bezogen sein muss. Im Hinblick auf die konkrete Fläche heißt dies, dass die spezifischen örtlichen Gegebenheiten berücksichtigt werden müssen; hierzu können beispielsweise auch besonders wertvolle ökologische Funktionen gehören. Im Hinblick auf das gesamträumliche Planungskonzept heißt dies, dass für die unterlegene Nutzung gesichert sein muss, dass sie an anderer Stelle des Plangebiets substanziell verwirklicht werden kann. Dafür kann es im Einzelfall notwendig werden, die obsiegende Nutzung an anderer Stelle des Plangebiets auszuschließen.

Aber nicht nur auf der abstrakten Plan-, sondern auch auf der konkreten Projektebene hilft die Raumordnung, den Raum nachhaltig zu entwickeln: Raumbedeutsamen Vorhaben – und dies sind Windenergieanlagen in der Regel – geht ein Raumordnungsverfahren voraus, in dem die Raumordnungsbehörde die Raumverträglichkeit des konkreten Vorhabens prüft. Auf der Projektebene wird also geprüft, ob ein Vorhaben mit den Erfordernissen der Raumordnung übereinstimmt; mithin werden auch hier die gesetzlichen Grundsätze der Raumordnung abgewogen, und das Vorhaben wird mit anderen Raumnutzungen abgestimmt. Kommt die Raumordnungsbehörde zu dem Ergebnis, dass beispielsweise Windenergieanlagen an dem konkret vorgesehenen Ort aufgrund dessen besonderer ökologischer Schutzfunktion nicht raumverträglich sind, wird sie dies der Genehmigungsbehörde mitteilen. Gegebenenfalls wird sie aufzeigen, ob eine Raumverträglichkeit mittels Modifikationen der Vorhabenplanung erreichbar ist. Inwieweit das Ergebnis dieser Raumverträglichkeitsprüfung in der Praxis Wirkungen hat, ist ein anderes Thema: Hier tut sich eine „raumordnerische Lücke" auf, denn die Projektgenehmigung von großen Windkraftanlagen ergeht in Form einer gebundenen Entscheidung, und eine fachgesetzliche Raumordnungsklausel, die in Verbindung mit

§ 4 Abs. 2 ROG zu einer Berücksichtigungspflicht des Raumordnungsverfahrens führen würde, kennt das Fachrecht – Bundesimmissionsschutzgesetz – nicht.

Letztlich hat auch die Ministerkonferenz für Raumordnung aufgrund der zunehmenden raumfunktionellen und raumstrukturellen Konflikte in mehreren Entschließungen einen verbesserten Freiraumschutz und die Realisierung eines großräumigen Freiraumverbundes gefordert.

Schon anhand dieser Ausführungen wird deutlich, dass die Raumordnung nicht nur die Möglichkeit, sondern auch die Pflicht hat, die Windenergie nicht sektoral, sondern vor dem Hintergrund einer nachhaltigen, konfliktausgleichenden gesamträumlichen Entwicklung zu steuern. Diese Steuerung kann auf überörtlicher Ebene bzw. im Hinblick auf großräumige Freiraumverbundsysteme nur die fachübergreifende Raumordnung leisten.

Zwischenresümee:

Die Windenergie ist ganz gewiss eine wichtige Säule für ein zukunftsträchtiges Energiekonzept, und die Raumordnung sollte sie nach Kräften unterstützen, wie auch der Grundsatz der Raumordnung nach § 2 Abs. 2 Nr. 6 S. 8 ROG regelt, dass die räumlichen Voraussetzungen für den Ausbau der erneuerbaren Energien zu schaffen sind. Aber schon nach der Leitvorstellung der Raumordnung sind die einzelnen Nutzungen des Raumes mit seinen ökologischen Funktionen in Einklang zu bringen. Und dies bedeutet für unser Thema insbesondere, dass der Schutz des Freiraums mit seinen Schutz- und Erholungsfunktionen hinter der Ausweisung von neuen Flächen für die Windenergie nur dann zurückstehen darf, wenn im konkret infrage stehenden Gebiet die Belange der Windenergie nach umfassender Abwägung unter raumordnerischen Gesichtspunkten schwerer wiegen.

Raumordnung ist weder ein Instrument gegen die Nutzung von Windenergie noch ein Instrument gegen den Freiraumschutz. Beides sind öffentliche Interessen, und die Raumordnung sollte sich eher als einer ihrer Garanten verstehen, auch als Dienstleister für diejenigen, die Raumnutzungen planen und realisieren wollen. Die eigentliche Leistung der Raumordnung besteht im Interessenausgleich und in der transparenten Moderation von Verständigungsprozessen. Ziel sollte in erster Linie die Vorhabensermöglichung unter Abwägung der unterschiedlichen Belange sein. Zu klären sind dabei die Optimierungsmöglichkeiten sowie die Maßgaben bei einer Nutzungsverwirklichung. Dies ist nachhaltiges Raummanagement.

III. Repowering als Flächenbegrenzungsmaßnahme

Ein Raummanagement im Sinne der Raumordnung mit ihrer Ausgleichsfunktion darf es nicht damit bewenden lassen, bei konkurrierenden Raumnutzungsansprüchen eine Abwägung vorzunehmen. Gerade in Zeiten spürbar knapper werdender Flächenressourcen ist für ein funktionierendes Raummanagement auch wesentlich, dass die einzelnen Raumnutzungen die ihnen zur Verfügung stehende Fläche möglichst effizient in Anspruch nehmen. Eine effiziente Flächennutzung kann im Idealfall dazu führen, dass Nutzungskonflikte spürbar minimiert werden.

Hingegen würde es eine „Verschwendung" von Raum bedeuten, wenn die Fläche eines Vorranggebiets von der vorrangigen Nutzung nicht effizient bebaut, und sodann die Raumordnungsbehörde zur Ausweisung weiterer Vorranggebiete aufgefordert würde. Dies ginge zulasten der anderen Raumnutzungsinteressen, für die diese Flächen sodann blockiert wären.

Beispiel hierfür wäre ein großes Vorranggebiet für Windenergie auf dem Meer, in welchem mehrere Investoren nebeneinander Windparks bauen wollen: Das genannte Problem ergäbe sich dann, wenn die Investoren die einzelnen Windkraftanlagen innerhalb ihrer Parks in unnötig großen Abständen aufstellen wollten, oder wenn die Lage der Windparks nicht aufeinander abgestimmt würde, so dass zwischen den Parks nicht nutzbare Flächen verblieben.

Forderte die Windenergiebranche nun nach dieser ineffizienten Bebauung weitere Vorranggebiete, stünde die Raumordnungsbehörde vor einem Dilemma: Sie muss die zukunftsträchtige nachhaltige Windenergie nach Kräften unterstützen, aber sie hat zugleich den Auftrag, den zur Verfügung stehenden Raum an alle konkurrierenden Nutzungen „gerecht zu verteilen". Daher müsste sie, bevor sie weiteren Raum für die Windenergie zur Verfügung stellt, als wirksames Raumnutzungsmanagement fordern, dass die Windenergie die ihr bereits zur Verfügung gestellte Fläche erst einmal effizient ausnutzt bzw. deren Nutzung „verdichtet".

Wir wollen es einmal so sagen: Das wird politisch nur schwer durchsetzbar sein, und einer Nachverdichtung werden oftmals wirtschaftliche oder andere Gründe entgegenstehen.

Zudem kann die Raumordnung mangels gesetzlicher Kompetenz grundsätzlich keine Handlungspflichten auslösen, sondern sie fungiert als Angebotsplanung. (Ausnahme: Anpassungspflicht von Bauleitplänen, § 1 Abs. 4 BauGB, was hier aber keine Rolle spielt).

Ein weiteres Beispiel für Flächenbegrenzungsmaßnahmen im Bereich der Windenergie – neben der Verdichtung – ist das Repowering, das Ersetzen kleinerer Windenergieanlagen durch neue leistungsstärkere Anlagen. Auch hiermit wird die Effizienz der Flächennutzung erhöht. Dies wäre schon dann ein erfolgreiches Raummanagement, wenn der Austausch der Anlagen an demselben Standort erfolgte, und entsprechend ist es auch Thema des Energiekonzepts der Bundesregierung, siehe oben. Noch interessanter bzw. effizienter wäre das Raummanagement freilich, wenn die alten Anlagen – entgegen allen Grundsätzen einer sinnvollen Raumentwicklung – verstreut im Raum stünden und nunmehr die neuen, leistungsstärkeren Anlagen in größeren Windparks räumlich gebündelt geplant würden, und im Ausgleich das übrige Plangebiet zugunsten anderer Nutzungen und Funktionen von den Altanlagen freigeräumt würde („Entspargelung der Landschaft").

Wie kann die Raumordnung hier unterstützen? Unstrittig dürfte lediglich Folgendes sein:

1. Sie kann in Raumordnungsplänen Vorranggebiete für Windenergie festlegen.
2. Sie kann in Raumordnungsplänen ein politisch-/strategisches, nicht gebietsbezogenes Ziel nach dem Motto „Repowering ist zu unterstützen." festlegen.
3. Sie kann zudem Verträge zum Abbau von Altanlagen anregen.

Es darf aber getrost bezweifelt werden, dass durch diese Maßnahmen das Repowering tatsächlich einen Schub erfahren wird. Die Frage ist daher: Was kann die Raumordnung darüber hinaus leisten? Kann sie insbesondere Gebietsausweisungen für Repowering vornehmen? Kann sie also eine Steuerung dergestalt vornehmen, dass sie attraktive windhöffige Flächen ausschließlich für das Repowering reserviert und damit diese Flächen nicht nur für (ganz) andere Nutzungen, sondern auch für die „normale", nicht „repowernde" Windenergie ausschließt?

Auf den ersten Blick scheint dies selbstverständlich eine ureigenste Kompetenz der Raumordnung zu sein, geht es doch um das Ziel eines effizienten, ausgleichenden Raummanagements.

Der Teufel steckt allerdings wie immer im – juristischen – Detail: Wie müsste bzw. dürfte ein solches Ziel der Raumordnung im Einzelnen ausgestaltet werden?

Notwendig wäre ein flächenbezogenes Ziel der Raumordnung mit den folgenden Merkmalen:

1. Flächenreservierung für neue Windenergieanlagen.
2. Bestimmung konkreter Flächen/Standorte, die durch den Abbau der darauf befindlichen Altanlagen freigeräumt werden.
3. Die neu zu bauenden Anlagen sind leistungsstärker als die abzubauenden Altanlagen.
4. Bewirken einer Steigerung der Windenergie-Gesamtleistung im Plangebiet.

1. Problemkreis

Raumordnerische Gebietsfestlegungen erfolgen grundsätzlich für Raumnutzungen im Verhältnis zu konkurrierenden Nutzungen, nicht aber als Ersatz für die Fachplanung bzw. nicht für einzelne Modalitäten einer Raumnutzung. Letzteres könnte aber der Fall sein, wenn ein Vorranggebiet nicht für „Windenergienutzung" allgemein, sondern exklusiv für Repowering bzw. für die Modalität einer Mindestenergieleistung festgelegt würde, sei es durch eine konkrete physikalische Größe („xy Megawatt") für das neue Vorranggebiet insgesamt oder sogar für die einzelnen neuen Anlagen, sei es durch ein Leistungsverhältnis zwischen den neuen Anlagen und den abzubauenden Altanlagen („Faktor xy").

Die Frage ist also, ob eine solche Festlegung bzw. ob das Repowering ein von der Kompetenz der Raumordnung gedecktes Flächenmanagement (Koordinierung der Windenergienutzung mit anderen Raumnutzungen) ist, oder ob dies eine rein fachplanerische Feinsteuerung ist.

Vergleichen Sie: Darf die Raumordnung nur Vorranggebiete für Landwirtschaft (vergleichbar: erneuerbare Energien) und konkret für den Kartoffelanbau (vergleichbar: Windenergie) ausweisen, oder darf sie sogar den Anbau ausschließlich von besonders ertragreichen Kartoffelsorten festlegen bzw. andere Kartoffelsorten ausschließen (vergleichbar: Repowering)?

Die Leistungsstärke hat zwar nicht unmittelbar, jedoch mittelbar raumplanerische Relevanz. Und das Repowering kann insofern als von der gesetzlichen Aufgabe der Raumordnung gedeckt angesehen werden, weil hiermit – insbesondere durch die Freiräumung des übrigen Plangebietes von verstreuten Einzelanlagen – ein effizientes Raummanagement im Sinne einer ausgleichenden Raumentwicklung betrieben wird, während diese planerische Steuerung durch das Fachrecht (Immissionsschutz und Bauleitplanung) nicht erreicht werden könnte.

2. Problemkreis

Beim „Repowering“ will die Raumordnung nicht die Windenergie an sich privilegieren (gegenüber anderen Raumnutzungen), sondern ein Privileg nur für den Fall geben, dass zugleich Flächen von Altanlagen freigeräumt werden. Stellt diese Modalität – juristisch gesehen – eine „aufschiebende Bedingung“ dar? Wird hier also eine Zielfestlegung „Vorranggebiet für neue Windenergieanlagen“ unter einer aufschiebenden Bedingung „Abbau“ ausgewiesen?

Wäre dieses Verständnis richtig, hätte es folgende Konsequenz: Bei der Zielfestlegung „Repowering“ würde die Zielqualität und damit die rechtliche Wirkung der Gebietsausweisung für Neuanlagen (Reservierungs- bzw. Freihaltefunktion) erst im Zeitpunkt des Abbaus der Altanlagen beginnen, weil erst dann die aufschiebende Bedingung einträte. Ein textlich und zeichnerisch im Plan festgelegtes „Vorranggebiet für Repowering“ hätte bis hin zum Abbau der Altanlagen keine Rechtswirkungen, so dass bis dahin die Beanspruchung der Fläche durch andere Nutzungen planerisch zulässig wäre. Dies hätte aufgrund der Bestandskraft etwaiger Nutzungsgenehmigungen zur Konsequenz, dass das Ziel „Repowering“ leerlaufen würde.

Richtiger erscheint aber, das Ziel Repowering insoweit als „unbedingt“ anzusehen:

Das Ziel Repowering bedeutet nicht „Neubau“ und steht daher auch nicht unter der (aufschiebenden) Bedingung des Abbaus. Vielmehr enthält das Ziel in sich selbst begriffsnotwendig eine untrennbare Verknüpfung zweier „Zielkomponenten“, nämlich der Flächenausweisung und der Flächenfreiräumung. Weder der tatsächlich erfolgende Abbau noch der Neubau sind Bedingungen, sondern vielmehr die faktische Realisierung (Vollzug) des Ziels Repowering.

3. Problemkreis

Eine weitere Frage ist, welche Inhalte die raumordnerische Festlegung „Repowering“ enthalten muss, um den Bestimmtheitsanforderungen eines Ziels der Raumordnung zu genügen.

Unstrittig dürfte sein, dass im Ziel nicht lediglich ein Gebiet für den Neubau ausgewiesen werden darf, während die Zielkomponente „Freiräumung/Abbau“ vollständig ausgespart bzw. durch entsprechende Verweise auf nachfolgende Ebenen, z. B. Verträge, verlagert wird.

Andererseits kann bzw. darf der Raumordnungsplan keine Rückbauverpflichtung hinsichtlich konkreter Altanlagen aussprechen, da die Raumordnung mangels gesetzlicher Kompetenz grundsätzlich keine Handlungspflichten auslösen kann (vielmehr: „Angebotsplanung", s.o.).

Als Lösung bietet sich an, im Raumordnungsplan die Flächen bzw. Standorte aller Altanlagen, die für einen Abbau infrage kommen, konkret festzulegen und die Altanlagen in einem „Altanlagenpool" für das Repowering zu benennen. Hingegen bleibt die Zuordnung konkreter Altanlagen zu konkret neu zu bauenden leistungsstärkeren Anlagen sowie die Regelung der Abbauverpflichtung den der Raumordnung nachgeordneten Ebenen vorbehalten. Trotz dieser auf der Raumordnungsebene noch fehlenden Aspekte genügt das Ziel hinsichtlich der Komponente „Flächenfreiräumung" dem Bestimmtheitserfordernis, denn die Standorte der Altanlagen werden verbindlich festgelegt, und die einzelnen Altanlagen werden konkret benannt.

4. Problemkreis

Bei einer Festlegung „Vorranggebiet für Repowering" greifen nicht die Regeln einer herkömmlichen Angebotsplanung: Bei letzterer macht die Raumordnung ein „neutrales Angebot" an potenzielle Investoren, die festgelegte Fläche zu nutzen. Die Investoren können dieses Angebot sodann nach eigener Entscheidung nutzen oder auch nicht. Im Gegensatz dazu ist bei einer Gebietsausweisung für Repowering die angebotene bzw. in Aussicht gestellte Raumnutzung von einem – nicht vom Staat durchsetzbaren – Verhalten Dritter abhängig, nämlich der (eigenverantwortlichen) Zustimmung von Altanlageneigentümern, ihre Anlagen abzubauen.

a. Dieser Problemkreis betrifft erstens die Anforderungen eines Ziels der Raumordnung an eine rechtmäßige „Abgewogenheit": Würde die Raumordnung durch Gebietsfestlegungen größere Flächen für alle anderen Nutzungsinteressenten sperren, ohne dass im Geringsten absehbar wäre, ob diese Flächen jemals tatsächlich von neuen Windenergieanlagen genutzt werden *könnten* bzw. *dürften* – wegen der fehlenden Bereitschaft der Altanlageneigentümer, ihre Anlagen abzubauen –, wäre dieses Ziel kaum in ordnungsgemäßer Weise abgewogen.
b. Dieser Problemkreis betrifft zweitens die Anforderungen eines Ziels der Raumordnung an seine „Vollzugsfähigkeit": Ein Ziel der Raumordnung ist unwirksam, wenn seiner Realisierung dauerhafte Hindernisse tatsächlicher oder rechtlicher Art entgegenstehen (BVerwG). Dies wäre vorliegend der Fall, wenn kein Einverständnis des Altanlageneigentümers zum Abbau der Anlage

vorläge, und auch nicht gesichert wäre, dass dieses Defizit durch andere Verwaltungsträger auf den nachfolgenden Ebenen gelöst werden könnte. So wird bspw. eine Enteignung von Altanlageneigentümern nicht möglich sein, da die gesetzlichen Voraussetzungen des § 45 Abs. 1 EnWG nicht vorliegen dürften: Es wird kaum darstellbar sein, dass gerade der Abbau einer konkreten Altanlage notwendig ist, um die Energieversorgung zu sichern. Rechtssystematisch dürfte zudem entscheidend sein, dass eine Enteignung regelmäßig der Verwirklichung eines (schon) zulässigen Projektes dient, während beim Repowering eine Zulässigkeit des Projekts erst durch die Enteignung herbeigeführt würde.

Aufgrund dieser atypischen Unwägbarkeiten müssen, um die Vollzugsfähigkeit der Zielfestlegung Repowering bzw. die tatsächliche Realisierung des Gestaltungsauftrags der Raumordnung zu sichern, erhöhte Anforderungen an den Grad der Wahrscheinlichkeit der Nutzungsrealisierung gestellt werden: Schon im Zeitpunkt des Inkrafttretens des Raumordnungsplans muss mit hinreichender Sicherheit feststehen, dass die im Plan zum Abbau ausgewiesenen Altanlagen auch tatsächlich abgebaut werden. Dies wird nur dann der Fall sein, wenn bereits in diesem Zeitpunkt Umstände vorliegen, die den Abbau der Anlagen regeln oder zumindest „hinreichend sicher" machen, z. B. Verträge mit den Eigentümern der Altanlagen.

In diesem Fall wären Vollzugsfähigkeit und korrekte Abgewogenheit des Ziels zu bejahen.

Diese Voraussetzung dürfte für die planaufstellende Raumordnungsbehörde keine unüberwindbare Hürde darstellen: In der Praxis haben diejenigen, die neue Windenergieanlagen errichten wollen, wohl vielfach schon jetzt Verträge mit den Eigentümern der Altanlagen über deren Abbau geschlossen. Anderenfalls sollte gemäß § 13 ROG die Raumordnungsbehörde vor Inkrafttreten des Plans auf den Abschluss von „Abbauverträgen" hinwirken.

5. Problemkreis

Auf Folgendes sei hingewiesen: Da die Altanlageneigentümer mit dem Abbau ihrer Anlagen einverstanden sein müssen, kommen als Nutzer des Repowering faktisch nur in Frage: a) die Altanlageneigentümer selbst oder b) solche, die die Altanlageneigentümer auszahlen. Dieses extreme Raummanagement wirft auch verfassungs- (Art. 12, 14 GG) und unionsrechtliche Fragen auf, welche jedoch nicht Thema der jetzigen Fachtagung sind.

6. Problemkreis

Letztlich sei festgestellt, dass eine solche Zielfestlegung für Repowering – im Gegensatz zum Bauplanungsrecht, vgl. § 249 BauGB – keiner spezifischen gesetzlichen Ermächtigungsgrundlage bedarf. Denn § 8 Abs. 5 ROG enthält keinen abschließenden Katalog für planerische Festlegungen, auch steht Zielfestlegung unter keiner aufschiebenden Bedingung (s.o.), und sie stellt auch keine sogenannte „raumordnerische Zeitstufenregelung" dar, deren Zulässigkeit unter kompetenziellen Gesichtspunkten zurzeit kontrovers diskutiert wird.

IV. Schlussbemerkung und Thesen

Am Ende des ersten Teils des Vortrags wurde festgestellt, die Raumordnung solle nachhaltige Raumnutzungen unterstützen. Es wurde aber auch festgestellt, dass dabei Ziel sein müsse, die Planungen und Projekte der einzelnen Fachrichtungen im Sinne einer ausgleichenden Raumentwicklung zu steuern und zu optimieren. In diesem Sinne soll ein Appell an die Raumplaner in der Praxis den Vortrag schließen: Raumplaner müssen stark sein gegen Lobbyismus; sie müssen auch versuchen, der Tagespolitik zu widerstehen. Sie sollten sich allein der Aufgabe der Raumordnung verpflichtet fühlen, fachübergreifend eine nachhaltige Entwicklung des Raums zu gewährleisten.

Die vorgenannten Überlegungen führen zu nachstehenden Thesen:

1. Wir dürfen nicht fragen: Was *könnte* die Raumordnung tun? Sondern wir müssen fragen: Was *muss* die Raumordnung tun? Denn Raumordnung ist nicht beliebig; sie hat im Gegenteil einen verpflichtenden, klar definierten gesetzlichen Handlungsauftrag.
2. Im Rahmen ihrer Aufgabe bzw. Leitvorstellung einer nachhaltigen Raumentwicklung muss die Raumordnung nachhaltige Raumnutzungen wie bspw. die Windenergie unterstützen, sie muss aber zugleich ihre Ausgleichsfunktion erfüllen. Die Ausgleichsfunktion bedingt ein konfliktminimierendes Raummanagement, dem die Raumordnung zum einen durch die Abwägung konfligierender Raumnutzungen, zum anderen durch die Unterstützung effizienter, flächensparender Formen von Raumnutzungen nachkommen muss.
3. Den Festlegungen in Raumordnungsplänen soll eine mittelfristige Sichtweise zugrunde liegen. Festlegungen, die nur die Gegenwart oder gar nur kurz-

lebige Modeerscheinungen im Blick haben, sind der Raumordnung genauso verwehrt wie Festlegungen, die nur (realitäts-)ferne Visionen widerspiegeln.

4. Jede Festlegung muss das Ergebnis einer Einzelfallentscheidung nach umfassender Abwägung aller Belange sein. Die Abwägung muss – örtlich gesehen – bezogen sein einerseits auf die konkret infrage stehende Fläche mit ihren spezifischen Gegebenheiten, und andererseits auf ein gesamträumliches Planungskonzept, welches allen konfligierenden Nutzungen und Funktionen substanziell Raum geben muss.
   1. Im Konfliktfall müssen transparente Parameter zu Prioritätensetzungen und zur Entscheidung führen, beispielsweise:
      - Welche der konkurrierenden Raumnutzungen und Raumfunktionen ist im Hinblick auf eine nachhaltige Raumentwicklung notwendig bzw. wichtiger?
      - Ist eine der konkurrierenden Raumnutzungen und Raumfunktionen auch an anderer Stelle des Plangebiets substanziell (in ausreichender Weise) möglich?
      - Beinhaltet das Gesamtplanungskonzept einen „Ausgleich" für die unterlegene Nutzung, wird für diese an anderer Stelle des Plangebiets Raum gesichert?
      - Ist es notwendig, die obsiegende Nutzung im übrigen Plangebiet auszuschließen, um dort die Verwirklichung der übrigen Nutzungen und Funktionen des Raums zu gewährleisten?
   2. Konfliktminimierendes Raummanagement bedeutet auch die Steuerung zugunsten einer effizienten Nutzung des zur Verfügung stehenden Raums. Raumplanerische Gebietsfestlegungen für einzelne Nutzungen dürfen keine Verschwendung von Raum und damit unnötige Blockade für anderen Nutzungen und Funktionen bewirken.
   3. Eine entsprechende Flächenbegrenzungsmaßnahme ist das Repowering, das die Raumordnung durch Gebietsfestlegungen unterstützen kann. Dabei festgelegte Mindestenergieleistungen sind nicht nur fachplanerische Feinsteuerung, sondern auch von der Kompetenz der Raumordnung als nachhaltiges Raumnutzungsmanagement gedeckt.
   4. Eine Zielfestlegung für Repowering kann als „Gesamtziel" erfolgen, welches aus den zwei untrennbar miteinander verknüpften Zielkomponenten der Flächen(neu)ausweisung und der Flächenfreiräumung besteht. Der konkret erfolgende Abbau von Altanlagen ist also keine aufschiebende Bedingung des Gesamtziels, sondern Teil dessen Vollzuges.

5. Das Ziel Repowering genügt hinsichtlich der Komponente „Flächenfreiräumung" den Anforderungen an die „Bestimmtheit" eines Ziels der Raumordnung, wenn die Flächen bzw. Standorte der für den Abbau in Frage kommenden Altanlagen konkret festgelegt werden und diese Anlagen in einem „Pool" konkret benannt werden. Die Zuordnung einzelner abzubauender Altanlagen zu konkreten Neuanlagen sowie die Regelung einer Abbauverpflichtung bleiben den nachfolgenden Ebenen vorbehalten.
6. Eine Gebietsfestlegung für Repowering wäre unwirksam, wenn ihrer Realisierung dauerhafte Hindernisse tatsächlicher oder rechtlicher Art entgegenstünden. Dies wäre der Fall, wenn kein Einverständnis des Eigentümers der Altanlage zu deren Abbau vorläge, und auch nicht gesichert wäre, dass dieses Defizit durch andere Verwaltungsträger auf nachfolgenden Ebenen gelöst werden könnte. Daher bedarf die Zielfestlegung Repowering, um ihre Vollzugsfähigkeit bzw. die tatsächliche Realisierung des Gestaltungsauftrags der Raumordnung zu sichern, erhöhter Anforderungen an den Grad der Wahrscheinlichkeit der Nutzungsrealisierung: Bereits im Zeitpunkt des Inkrafttretens des Raumordnungsplans müssen Umstände vorliegen, die den Abbau der Anlagen regeln oder zumindest „hinreichend sicher" machen, z. B. Verträge mit den Eigentümern der Altanlagen.

Naturschutzgerechte Steuerung der Windkraftnutzung ohne Regionalplanung?

*Prof. Dr. Holger Kröninger**

I. Rechtliche Ausgangssituation der Windkraftnutzung
   1. Windenergieanlagen als privilegierte Vorhaben nach § 35 Abs. 1 Nr. 5 BauGB
   2. Entgegenstehende öffentliche Belange gem. § 35 Abs. 3 BauGB

II. Standortsteuerung durch Flächennutzungsplan
   1. Planvorbehalt des § 35 Abs. 3 S. 3 BauGB
   2. Feinsteuerung durch Bebauungsplan

III. Naturschutzgerechte Standortplanung
   1. Räumliche Festlegung des Standortes
   2. Anforderungen an die Ausweisung von Konzentrationszonen in der Flächennutzungsplanung

IV. Sicherung der Standortsteuerung
   1. Beantragung einer Zurückstellung bei der Genehmigungsbehörde nach § 15 BauGB
   2. Unwirksame Veränderungssperre

V. Interkommunale Kooperation
   1. Inhaltliche Abstimmung der jeweiligen Flächennutzungspläne
   2. Gemeinsamer Flächennutzungsplan gem. § 204 BauGB

VI. Fazit
   1. Flächennutzungsplan als naturschutzgerechtes Steuerungselement der Windkraftnutzung
   2. Umfangreiche rechtliche und planungsmethodische Anforderungen
   3. Chancen und Pflichten interkommunaler Kooperation

* Prof. Dr. Holger Kröninger ist Rechtsanwalt in Saarbrücken und Inhaber des Lehrstuhls „Energierecht" an der Fachhochschule Trier – Umweltcampus Birkenfeld.

Die Stromerzeugung aus Windkraft expandiert. Allein im 1. Halbjahr 2011 wurden in Deutschland 356 Windenergieanlagen mit zusammen rund 793 Megawatt Leistung neu installiert. Im Vergleich zum Vorjahreszeitraum wurden damit 133 Megawatt oder rund 20 % mehr Windkraftanlagen in Betrieb genommen.[1] Für den Ausbau der erneuerbaren Energien sind auch in Zukunft in erheblichem Maße Flächen vorzuhalten. Der Sachverständigenrat für Umweltfragen schätzt in seinem Sondergutachten 2011, dass ein Flächenbedarf für Windenergieanlagen von ca. 352.000 Hektar benötigt wird.[2] Dies hat Auswirkungen auf das Bauplanungsrecht der Kommunen. Windenergieanlagen sind gem. § 35 Abs. 1 Nr. 5 BauGB im Außenbereich privilegierte Anlagen. Der Gesetzgeber hat den Gemeinden durch § 35 Abs. 3 S. 3 BauGB die Möglichkeit eröffnet, durch den sog. Planvorbehalt die Errichtung von Windkraftanlagen auf dem Gemeindegebiet zu steuern. Danach können konkrete Flächen für die Windenergie zur Verfügung gestellt werden, um den übrigen Raum freizuhalten. Hiervon machen die Gemeinden auch zunehmend Gebrauch. Im Nachfolgenden soll erörtert werden, was die Gemeinden hierbei rechtlich zu beachten haben. Die Gemeinden sind aufgerufen, Standortsteuerung für die Windkraftnutzung naturschutzgerecht zu betreiben. Im Nachfolgenden wird darauf hingewiesen, was die Gemeinden hierbei insbesondere naturschutzrechtlich zu beachten haben.

I. Rechtliche Ausgangssituation der Windkraftnutzung

1. Windenergieanlagen als privilegierte Vorhaben nach § 35 Abs. 1 Nr. 5 BauGB

Ausgangspunkt der Überlegungen ist § 35 Abs. 1 Nr. 5 BauGB. Seit dem 1.1.1997 gehören Windenergieanlagen zu den sogenannten privilegierten Vorhaben im Außenbereich.

2. Entgegenstehende öffentliche Belange gem. § 35 Abs. 3 BauGB

Die Zuordnung von Windenergieanlagen zum Privilegierungstatbestand bedeutet nicht schon die Zulässigkeit der Vorhaben nach § 35 BauGB. Weitere Voraus-

1 Pressemitteilung der DEWI GmbH, Deutsches Windenergie-Institut vom 27.7.2011.

2 SRU, Wege zu 100 % erneuerbarer Stromversorgung, Sondergutachten 2011, Rz. 128; Köck, DVBl. 2011, 3 (4).

setzung ist, dass die ausreichende Erschließung gesichert ist und nicht öffentliche Belange gemäß § 35 Absatz 3 BauGB entgegenstehen.

a. Schädliche Umwelteinwirkungen im Sinne des § 35 Abs. 3 S. 1 Nr. 3 BauGB

Im Rahmen der Windkraftnutzung stellt sich regelmäßig die Frage, ob schädliche Umwelteinwirkungen von den Anlagen ausgehen. Der Begriff der schädlichen Umwelteinwirkung ist in § 3 BImSchG definiert, der hierfür herangezogen werden kann. Danach sind schädliche Umwelteinwirkungen Immissionen, die nach Art, Ausmaß oder Dauer geeignet sind, Gefahren, erhebliche Nachteile oder erhebliche Belästigungen für die Allgemeinheit oder die Nachbarschaft hervorzurufen. So kann eine Windkraftanlage eine schädliche Umwelteinwirkung herbeiführen, wenn entweder die Lärmwerte der TA Lärm nicht eingehalten werden, oder eine optisch bedrängende Wirkung auf bewohnte Nachbargrundstücke im Außenbereich festzustellen ist. Im Regelfall steht jedoch dieser öffentliche Belang einer Errichtung von Windkraftanlagen selten entgegen.

b. Belange des Naturschutzes und der Landschaftspflege oder das Orts- und Landschaftsbild im Sinne des § 35 Abs. 3 S. 1 Nr. 5 BauGB

Daneben können Belange des Naturschutzes und der Landschaftspflege oder die Verunstaltung des Landschafts- oder Ortsbildes gemäß § 35 Abs. 3 S. 1 Nr. 5 BauGB Windkraftanlagen im Außenbereich entgegenstehen. Belange des Naturschutzes und der Landschaftspflege sind beeinträchtigt, wenn das Vorhaben in den durch Naturschutz- oder Landschaftsschutzbestimmungen geschützten Gebieten oder Objekten errichtet werden sollen.[3] Häufig sehen jedoch gerade Landschafts- oder Naturschutzverordnungen Ausnahmen vor, die wiederum zu einer Zulassung der Windenergieanlagen führen müssen. Auch insoweit ist der Einfluss der Kommunen im Rahmen des § 35 Abs. 3 S. 1 Nr. 5 BauGB beschränkt.

Gleiches gilt für die Verunstaltung des Landschafts- oder Ortsbildes. Nach der Rechtsprechung des Bundesverwaltungsgerichts setzt eine Verunstaltung voraus, dass das Bauvorhaben im Orts- oder Landschaftsbild in ästhetischer

3 Ferner/Kröninger/Aschke, BauGB-/BauNVO-Kommentar, 2. Aufl. 2008, § 35 Rn. 33.

Hinsicht grob unangemessen ist und auch von einem für ästhetische Eindrücke offenen Betrachter als belastend empfunden wird.[4]

Gerade für Windkraftanlagen gilt, dass eine Verunstaltung des Orts- und Landschaftsbildes im Rahmen von § 35 Abs. 3 S. 1 Nr. 5 BauGB wohl nur in Ausnahmefällen begründet werden kann.

Im Ergebnis sind die Einflussmöglichkeiten der Städte und Gemeinden auf den Standort von Windenergieanlagen auf Grundlage des § 35 Abs. 3 S. 1 BauGB damit beschränkt.

II. Standortsteuerung durch Flächennutzungsplan

1. Planvorbehalt des § 35 Abs. 3 S. 3 BauGB

a. Freihaltung des übrigen Plangebietes von Windkraftanlagen

Der Gesetzgeber hat aber den Kommunen die Möglichkeit eröffnet, durch den sogenannten Planvorbehalt gerade die Standorte für Windkraftanlagen zu steuern. Nach § 35 Abs. 3 S. 3 BauGB stehen öffentliche Belange einer Errichtung von Windkraftanlagen in der Regel auch dann entgegen, soweit hierfür durch Darstellungen im Flächennutzungsplan eine Ausweisung an anderer Stelle erfolgt ist. Zweck der Vorschrift ist, den Gemeinden ein Steuerungsinstrument gegenüber den grundsätzlich im Außenbereich privilegierten Vorhaben, wozu auch – wie gezeigt Windkraftanlagen gehören, zu vermitteln[5]. Die Kommunen haben dabei das Recht, Festsetzungen mit einer Ausschlusswirkung für den übrigen Planungsraum zu versehen, um diesen von privilegierten Windenergieanlagen freizuhalten.

b. Ausnahmen vom Planvorbehalt

Eine Ausnahme von diesem Planvorbehalt, d. h. die Zulassung von Windenergieanlagen außerhalb der Konzentrationszonen ist nur möglich, wenn die Konzeption der Planung als solche nicht infrage gestellt wird.[6] Ausnahmen sind daher

4 BVerwG, Urteil vom 22.6.1990 – 4 C 6.87, NVwZ 1991, 64; BVerwG, Urteil vom 18.3.2003 – 4 B 7.03, BauR 2004, 295.

5 Battis/Krautzberger/Löhr, BauGB-Kommentar, 11. Aufl. 2009, § 35 Rn. 74; Ferner/Kröninger/Aschke, BauGB-/BauNVO-Kommentar, 2. Aufl. 2008, § 35 Rn. 33.

6 OVG Lüneburg, Urteil vom 15.9.2011 – 12 LW 218/08.

nur denkbar für so genannte atypische Windkraftanlagen, so z. B. solche, die lediglich als Nebenanlage in Erscheinung treten.[7]

2. Feinsteuerung durch Bebauungsplan

Ein Bebauungsplan ist dagegen kein taugliches Steuerungselement, da der Geltungsbereich eines typischen Bebauungsplanes lediglich Teilflächen des Gemeindegebietes umfasst. Ein Bebauungsplan kann jedoch zur Feinsteuerung der Windkraftnutzung auf den dafür vorgesehenen Konzentrationszonen im Flächennutzungsplan seine Rechtfertigung haben.

III. Naturschutzgerechte Standortplanung

1. Räumliche Festlegung des Standortes

Es stellt sich die Frage, ob die Standortsteuerung naturschutzgerecht betrieben werden kann. Eine naturschutzrechtliche Standortplanung kann zum einen durch die räumliche Festlegung der Standorte der Windkraftanlagen im Flächennutzungsplan erfolgen.[8]

a. Standortfestlegung mit Ausschlusswirkung im Flächennutzungsplan

Im Flächennutzungsplan können positive Standorte ausgewiesen werden durch die Darstellung sogenannter Konzentrationszonen. Im Rahmen der Ausweisung dieser Konzentrationszonen sind insbesondere Belange des Naturschutzes – wie noch zu zeigen sein wird – zu berücksichtigen.

Als Festsetzung kann eine Sonderbaufläche oder ein Sondergebiet für Windkraftnutzung gem. § 5 Abs. 2 Nr. 1 BauGB dienen.

Dagegen ist die Festsetzung der Flächen für Land- und Forstwirtschaft gem. § 5 Abs. 2 Nr. 9 BauGB, wie dies durchaus einige Flächennutzungspläne vorsehen, problematisch. Das Verwaltungsgericht Minden hat entschieden, dass die Nutzungsform Land- und Forstwirtschaft gegenüber Windenergieanlagen

7 OVG Magdeburg, Urteil vom 26.10.2011 – 2 L 6/09.

8 Rojahn, NVwZ 2011, 654 f.

sich gegenseitig ausschließe.[9] Die Festsetzung „Fläche für die Landwirtschaft" schließe nach § 9 Abs. 1 Nr. 18 a BauGB die Verwirklichung anderer privilegierter Vorhaben nach § 35 Abs. 1 Nr. 2–7 BauGB ausdrücklich aus,[10] so dass von einer entsprechenden Festsetzung abzusehen ist.

Sofern man auf den Konzentrationszonen im Flächennutzungsplan die Zahl der Windkraftanlagen beschränken möchte, ist dies nur über die Festsetzung überbaubarer Grundstücksflächen zulässig. Das OVG Koblenz hat dies entschieden mit der Begründung, dass es für eine reine Beschränkung der Anzahl der Windkraftanlagen an einer Ermächtigungsgrundlage auch vor dem Hintergrund eines ansonsten unzulässigen Windhundrennens fehle.[11]

b. Begründung der Festsetzung im Erläuterungsbericht gem. § 5 Abs. 5 BauGB

In der Begründung des Flächennutzungsplans ist im Einzelnen darzustellen, welche Zielsetzungen und Kriterien für die Abgrenzung der Konzentrationszonen maßgebend waren. Die gemeindliche Entscheidung muss jedoch nicht nur Auskunft darüber geben, von welchen Erwägungen die positive Standortausweisung getragen wird, sondern auch deutlich machen, welche Gründe es rechtfertigen, den übrigen Planungsraum von Windenergieanlagen freizuhalten.

c. Naturschutz in der Standorteingrenzung

Bei der Standortplanung für Windenergieanlagen ist dem Naturschutz Rechnung zu tragen. Die Kommune kann über die räumliche Dimensionierung und die Standorte selbst Einfluss auf die Beeinträchtigungen des Naturschutzes nehmen.[12] Ausgangspunkt der Überlegungen müssen allerdings die methodischen Anforderungen an die Ausweisung von Konzentrationszonen der Flächennutzungsplanung sein.

9 VG München, Urteil vom 31.8.2011 – 11 K 450/11.

10 So auch OVG Münster, Urteil vom 14.1.2008 – 7 D 12/07.NE.

11 OVG Koblenz, Urteil vom 21.1.2011 – 8 C 10850/10.

12 Rojahn, NVwZ 2011, 654 f.

2. Anforderungen an die Ausweisung von Konzentrationszonen in der Flächennutzungsplanung

Die Rechtsprechung verlangt von den Kommunen die Entwicklung eines schlüssigen Plankonzepts, das sich auf den gesamten Außenbereich des Gemeindegebiets erstreckt.[13]

Das Bundesverwaltungsgericht hat die Anforderungen an einen Flächennutzungsplan, mit dem die Ausschlusswirkung des § 35 Abs. 3 S. 3 BauGB herbeigeführt werden soll, dahingehend präzisiert, dass auf der Ebene des Abwägungsvorgangs in einem mehrstufigen Verfahren zunächst harte und weiche Tabuzonen zu ermitteln sind. Abschließend hat in Bezug auf die verbleibenden sogenannten Potenzialflächen eine Abwägung der Windenergienutzung mit konkurrierenden öffentlichen Belangen zu erfolgen, um schließlich auf der Ebene des Abwägungsergebnisses zu überprüfen, ob der Windenergie in substantieller Weise Raum geschaffen wird.[14]

Dabei handelt es sich um eine von der Gemeinde zwingend zu beachtende Prüfungsreihenfolge, auch vor dem Hintergrund, dass die Kontingentierung von Anlagenstandorten die verfassungsrechtliche Eigentumsgewährleistung berührt. Mit der Ausweisung von Konzentrationszonen wird den Eigentümern von Außenbereichsgrundstücken, die außerhalb dieser Konzentrationszonen liegen, möglicherweise ein Anspruch auf Erteilung einer Genehmigung genommen.

a. Ermittlung der „harten" Tabuzonen

Wie ermittele ich die „harten" Tabuzonen? Harte Tabuzonen sind Zonen, in denen die Errichtung und der Betrieb von Windenergieanlagen aus tatsächlichen und/oder rechtlichen Gründen schlechthin ausgeschlossen sind.

---

13 Köck, ZUR 2010, 507; Schidlowski, NVwZ 2001, 388.

14 BVerwG, Urteil vom 20.5.2010 – 4 C 7/09, NVwZ 2010, 1561; BVerwG, Urteil vom 15.9.2009 – 4 BN 25/09, ZfBR 2010, 65; Mitschang, ZfBR 2005, 431. Ernst/Zinkahn/Bielenberg/Krautzberger, BauGB-Kommentar, 102. Erg.-Lfg. 2011, § 35 Rn. 126.

Hierzu gehören insbesondere

- Siedlungsflächen
- europäische FFH-Vogelschutzgebiete
- Natur-, Landschafts- und Wasserschutzgebiete
- Überschwemmungsgebiete, Retentionsräume
- gesetzlich geschützte Biotope
- Natur-, Boden- und Kulturdenkmale
- Gewässer (Fließgewässer und stehende Gewässer)
- bestehende Nutzungen, insbesondere Freizeitanlagen, Abbauflächen, Verkehrsflächen, Freileitungen
- verbindlich beplante Raumansprüche

Die „harten" Tabuzonen sind im gesamten Gemeindegebiet zu kennzeichnen und von der Windkraftnutzung auszuschließen.

b. Ermittlung der „weichen" Tabuzonen

In dem zweiten Schritt sind die „weichen" Tabuzonen zu ermitteln. Es sind die Bereiche, in denen die Errichtung und der Betrieb von Windenergieanlagen zwar tatsächlich und rechtlich möglich ist, in denen nach den städtebaulichen Vorstellungen der Gemeinde aber keine Windenergieanlagen aufgestellt werden sollen. Die städtebaulichen Vorstellungen darf die Gemeinde nach eigenen Kriterien entwickeln.

In der Praxis geschieht dies durch die Festlegung von Pufferzonen und Abstandsflächen, wobei einheitliche Kriterien für das gesamte Gemeindegebiet festgelegt werden müssen, für die es auch einer sachlichen Begründung bedarf.

Im Einzelnen können festgelegt werden:

- Pufferfläche um naturschutzrechtlich geschützte Bereiche
- Pufferfläche als Schutz vor Lärm und optischen Beeinträchtigungen, z. B. Siedlungsgebiete, Kur- und Klinikbereiche, landwirtschaftliche Betriebe, Splittersiedlungen im Außenbereich
- Pufferfläche zum Schutz vor Sicherheitsgefahren, z. B. Flugplätze, militärische Einrichtungen, Infrastrukturanlagen, Störfall-Betriebe
- Pufferfläche zur Vermeidung artenschutzrechtlicher Konflikte, z. B. Abstände zu naturschutzfachlich bedeutenden bekannten Funktionsräumen, wie Brutgebiete, Zugkorridore, Nahrungsgebiete

Bei der Ermittlung der Abstandsflächen/Pufferflächen sind zum einen die örtlichen Gegebenheiten in den Blick zu nehmen, zum anderen Erkenntnisse aus der Rechtsprechung und von sachverständiger Seite, gerade was die Abstandsflächen zum Natur- und Artenschutz betrifft, in die Planung einzubeziehen. Abstände zu Siedlungsgebieten sind von 800 bis 1.000 m, zur Vermeidung von artenschutzrechtlichen Konflikten zwischen 1.000 und 1.500 m denkbar. Es bedarf in jedem Fall einer einheitliche Festlegung der Abstände für das gesamte Gemeindegebiet.

c. Ermittlung weiterer Kriterien der Standortplanung

Weiteres Kriterium der Standortplanung ist die Windhöffigkeit.

Dabei wird derzeit davon ausgegangen, dass eine mittlere Windgeschwindigkeit von 5,5 m/sec in Narbenhöhe sachgerecht ist.

Hinsichtlich der Größe der Konzentrationsflächen ist eine Standortplanung nicht zu beanstanden, die zur Bündelung der naturschutzrechtlichen Belastung Konzentrationsflächen als zusammenhängende Flächen erst ab einer gewissen Größenordnung, beispielsweise 7 ha ausweist. Auch die Festlegung der maximalen Höhe von Windenergieanlagen gem. § 16 Abs. 1 BauNVO kann mit entsprechender städtebaulicher Begründung, etwa zum Schutz des Landschaftsbildes festgesetzt werden. Dem Naturschutz kann durch eine entsprechende Konfiguration der Vorhaben Geltung verliehen werden. Gleiches gilt für die Festsetzung naturschutz-rechtlicher Ausgleichs- und Ersatzmaßnahmen.

d. Verbleibende Potentialflächen

Nach Abzug der „harten“ und „weichen“ Tabuzonen und der dargestellten weiteren Kriterien erfolgt die Betrachtung der konkreten örtlichen Verhältnisse auf der nächsten Stufe. Dabei geht es darum, für die jeweilige Potentialfläche im Wege der Abwägung zu entscheiden, ob sich auf ihr die Windenergie oder eine andere Nutzung durchsetzen soll.[15] Dabei kann insbesondere der Naturschutz eine Rolle spielen als öffentlicher Belang, der sich im Einzelfall gegen die Windenergienutzung durchsetzen kann.

15 Sydow, NVwZ 2010, 1534; Spannowsky/Uechtritz (Hrsg.), Beck'scher Online-Kommentar BauGB, Stand: 1.2.2012, § 35 Rn. 113 a.

Dabei ist die Erlangung und Bewertung möglicher Betroffenheit des Naturschutzes nach ausschließlich wissenschaftlichen Kriterien auszurichten.[16]

In der Praxis hat sich häufig die Frage gestellt, welche Ermittlungstiefe, gerade von naturschutzrechtlichen Belangen, für eine sachgerechte Abwägung erforderlich ist. Das OVG Hamburg und das OVG Magdeburg haben entschieden, dass sich die Ermittlungstiefe nach den Anforderungen einer sachgerechten Abwägung zu orientieren habe.[17] Eine umfassende Bestandsaufnahme aller von einem Vorhaben betroffenen Tier- und Pflanzenarten sei hierfür nicht erforderlich. Die Erfassung und Bewertung könne anhand repräsentativer Tier- und Pflanzengruppen, vorgefundener Vegetationsstrukturen sowie vorhandener Angaben erfolgen. Bestehen danach oder aufgrund sonstiger Erkenntnisse Anhaltspunkte für das Vorkommen besonders seltener Arten, sei denen dann allerdings näher nachzugehen. Die Abwägungsentscheidung sei dann fehlerhaft, wenn zum Zeitpunkt der Abwägung absehbar sei, dass naturschutzrechtliche Belange der Verwirklichung der planerischen Festsetzungen dauerhaft entgegenstehen.

Die Beantwortung dieser Frage hat weitreichende Konsequenzen. Je höher die Anforderungen an die Prüfungsdichte, je mehr Gutachten werden benötigt, je teurer wird das Bauleitplanverfahren. Dass dies ein wesentlicher Punkt bei der Haushaltslage der meisten Städte und Gemeinden ist, brauche ich nicht näher zu erläutern.

e. Windenergie in substantieller Weise Raum geschaffen

Nach Abschluss der Abwägung hat eine Plankontrolle stattzufinden, nämlich ob als Ergebnis der Abwägung der Windenergie in substantieller Weise Raum geschaffen wurde. Dem Plangeber ist es verwährt, im Gewand der Bauleitplanung eine Windkraftpolitik zu betreiben, die den Wertungen des BauGB zuwiderläuft und darauf abzielt, die gem. § 35 Abs. 1 Nr. 5 BauGB privilegierte Windenergienutzung aus anderweitigen Erwägungen zu reglementieren oder gar gänzlich zu unterbinden.

Das Bundesverwaltungsgericht hat eine Planung beanstandet, die als Konzentrationsfläche lediglich ein „Feigenblatt" vorsah.[18]

Für die Beantwortung der Frage, in welchem Umfang Ausweisungen zu erfolgen haben, sind die tatsächlichen Verhältnisse im jeweiligen Planungsraum

16 BVerwG, Urteil vom 9.7.2008 – 9 A 14/07, NVwZ 2009, 302 f.

17 OVG Hamburg, Urteil vom 30.4.2008 – 2 E 4/05; OVG Magdeburg, Urteil vom 26.10.2011 – 2 L 6/09.

18 BVerwG, Beschluss vom 12.7.2006 – 4 B 49/06, BRS 70 Nr. 38.

maßgeblich. Größenangaben sind isoliert betrachtet als Kriterium ungeeignet, so dass auch die Relation zwischen Gesamtfläche der Konzentrationszone einerseits und der überhaupt geeigneten Potentialflächen andererseits nicht auf das Vorliegen einer Verhinderungsplanung schließen lassen muss.[19]

Je kleiner die Konzentrationsfläche jedoch ist, je größer ist der Begründungsaufwand zum methodischen Vorgehen. So hat aktuell das VG Hannover eine Konzentrationsplanung als abwägungsfehlerhaft angesehen, in denen lediglich 0,71 % des Gemeindegebietes für die Windkraftnutzung vorgesehen war.

IV. Sicherung der Standortsteuerung

Wenn man zur Standortsteuerung der Windenergie die Aufstellung eines Flächennutzungsplans beschlossen hat, ist für die Kommune von erheblicher praktischer Bedeutung, ob für die Dauer des Verfahrens zur Änderung des Flächennutzungsplans entgegenstehende Vorhaben verhindert werden können. Der Beschluss zur Änderung des Flächennutzungsplans allein kann der Errichtung von Windkraftanlagen materiell nicht entgegengehalten werden.

1. Beantragung einer Zurückstellung bei der Genehmigungsbehörde nach § 15 BauGB

Das BauGB sieht hier aber eine Zurückstellung bei der Genehmigungsbehörde nach § 15 BauGB vor. Danach kann auf Antrag der Gemeinde die Genehmigungsbehörde die Entscheidung über die Zulässigkeit von Vorhaben nach § 35 Abs. 1 Nr. 2–6 BauGB, und damit auch für Windenergieanlagen für einen Zeitraum bis zu längstens einem Jahr nach Zustellung der Zurückstellung des Baugesuchs aussetzen, wenn die Gemeinde beschlossen hat, einen Flächennutzungsplan aufzustellen, mit dem die Rechtswirkung des § 35 Abs. 3 S. 3 BauGB erreicht werden soll.[20] Es muss jedoch zu befürchten sein, dass die Durchführung der Planung durch das Vorhaben unmöglich gemacht oder wesentlich erschwert werden würde. Soll z. B. die Windkraftanlage auf einer Fläche verwirklicht werden, die als Konzentrationszone vorgesehen ist, scheidet eine Zurückstellung aus.

19 BVerwG, Beschluss vom 12.7.2006 – 4 B 49/06; BRS 70 Nr. 38; VG Hannover, Urteil vom 14.7.2011 – 12 A 1614/10.

20 Scheidler, LKRZ 2011, 251.

2. Unwirksame Veränderungssperre

Eine Veränderungssperre ist unwirksam, wenn der Beschluss zur Aufstellung des Bebauungsplans vorgeschoben wird, um Zeit zu gewinnen.

Da die Jahresfrist nach § 15 Abs. 3 S. 3 BauGB nicht verlängerbar ist, und die Kommune häufig befürchtet, innerhalb dieser Frist das Verfahren nicht abschließen zu können, drängte sich die Alternative auf, für das Grundstück, auf dem die unliebsame Windenergieanlage errichtet werden soll, die Aufstellung eines Bebauungsplanes zu beschließen, mit entsprechender Veränderungssperre gem. § 14 BauGB. Nach § 17 BauGB kann die Veränderungssperre nämlich eine Dauer von mindestens zwei Jahren haben, und für diesen Zeitraum einem unliebsamen Vorhaben entgegengehalten werden. Dennoch ist im Einzelfall von dieser Vorgehensweise abzusehen, zumal der VGH Kassel meines Erachtens zu Recht entschieden hat, dass eine solche Veränderungssperre dann unwirksam ist, wenn der Beschluss zur Aufstellung des Bebauungsplans nur vorgeschoben wurde, um Zeit zu gewinnen.[21]

Zugegeben, der Zeitraum von einem Jahr ist sehr begrenzt. Ungeachtet dessen bestätigt die Praxis, dass eine Änderung eines Flächennutzungsplans in diesem Zeitraum vollzogen werden kann.

V. Interkommunale Kooperation

Im Hinblick gerade auf die optischen und naturschutzrechtlichen Auswirkungen von Windkraftanlagen über die jeweiligen Gemeindegrenzen hinweg ist eine interkommunale Zusammenarbeit zwischen den Kommunen empfehlenswert.

1. Inhaltliche Abstimmung der jeweiligen Flächennutzungspläne

Diese interkommunale Kooperation kann zum einen darin bestehen, die inhaltliche Abstimmung der jeweiligen Flächennutzungspläne interkommunal vorzunehmen. Hierzu ist die planende Gemeinde nach § 2 Abs. 2 BauGB im Übrigen auch verpflichtet.

21 VGH Kassel, Urteil vom 25.7.2011 – 9 A 103/11, LKRZ 2011, 425.

2. Gemeinsamer Flächennutzungsplan gem. § 204 BauGB

Wenig Gebrauch gemacht wird von einem gemeinsamen Flächennutzungsplan gem. § 204 BauGB, der sich aber gerade im Rahmen der Windenergienutzung anbietet.

Nach § 204 BauGB sollen benachbarte Gemeinden einen gemeinsamen Flächennutzungsplan aufstellen, wenn ihre städtebauliche Entwicklung wesentlich durch gemeinsame Voraussetzungen und Bedürfnisse bestimmt wird oder ein gemeinsamer Flächennutzungsplan einen gerechten Ausgleich der verschiedenen Belange ermöglicht.

Das Nachbarverhältnis und auch der erhöhte Koordinationsbedarf liegen regelmäßig dann vor, wenn entlang einer gemeinsamen Gemarkungsgrenze etwa auf einem Höhenzug Windkraftanlagen errichtet werden sollen.

Das Verfahren zur Aufstellung eines solchen gemeinsamen Flächennutzungsplans geht nach den allgemeinen Vorschriften. Gerade wenn es um Naturschutz geht, oder auch um die Erhaltung des Landschafts- und Ortsbildes, ist eine interkommunale Kooperation geradezu angezeigt, da andernfalls die Vorstellungen einer Kommune etwa hinsichtlich des Schutzes eines Höhenzuges durch die Nachbarkommune konterkariert werden kann, indem auf dem Gemeindegebiet der Nachbarkommune im Anschluss an die freigehaltene Fläche eine Konzentrationsfläche ausgewiesen wird. Mit der Aufstellung der Windkraftanlagen entlang der gemeinsamen Gemarkungsgrenze ist die planerische Vorstellung der einen Gemeinde, den Höhenzug von Windkraftnutzung freizuhalten, um eine Beeinträchtigung des Landschaftsbildes zu verhindern, nicht mehr durchsetzbar. Dies kann auch zur Unwirksamkeit des Flächennutzungsplanes führen.

In diesem Zusammenhang kann die Frage noch Bedeutung gewinnen, ob für den Fall der Vorhersehbarkeit eines solchen Konfliktes nicht eine Pflicht zur Aufstellung eines gemeinsamen Flächennutzungsplans begründet werden kann, die von der Nachbargemeinde gegebenenfalls auch gerichtlich durchsetzbar sein kann.

Ob ein Verstoß gegen die Pflicht zur Aufstellung eines gemeinsamen Flächennutzungsplanung zur Unwirksamkeit des Flächennutzungsplanes führt, ist höchstrichterlich bislang nicht geklärt.[22]

22 Vgl. aber: Battis/Krautzberger/Löhr, BauGB-Kommentar, 11. Aufl. 2009, § 204 Rn. 5.

Ein rechtliches Risiko für die Kommune besteht daher. Sollte der Plan unwirksam sein, werden Windkraftanlagen im Außenbereich auch auf den Flächen genehmigungsfähig sein, die die Kommune, insbesondere aus naturschutzrechtlichen Gründen, von Windenergie freihalten wollte.

VI. Fazit

1. Flächennutzungsplan als naturschutzgerechtes Sicherungselement der Windkraftnutzung

Ein Flächennutzungsplan im Sinne des § 35 Abs. 3 S. 3 BauGB stellt ein naturschutzgerechtes Steuerungselement der Windkraftnutzung dar.

2. Umfangreiche rechtliche und planungsmethodische Anforderungen

An die Wirksamkeit eines solchen Flächennutzungsplans stellt die Rechtsprechung jedoch umfangreiche rechtliche und planungsmethodische Anforderungen, die im Einzelfall eine genaue Prüfung und Umsetzung im Planungsverfahren erfordern.

3. Chancen und Pflichten interkommunaler Kooperation

Im Zusammenhang mit der Flächennutzungsplanung als naturschutzgerechtes Steuerungselement sollten die Kommunen auch die Chancen interkommunaler Kooperation wahrnehmen. Ob im Einzelfall sogar eine Verpflichtung bestehen kann, einen gemeinsamen Flächennutzungsplan nach § 204 BauGB aufzustellen, ist regelmäßig zu überprüfen.

Ausbau der Windkraft in Rheinland-Pfalz – Konsequenzen für die Stadt- und Regionalplanung

*MinR Thomas Geib**

I.

Rheinland-Pfalz unterstützt das Ziel, weltweit den Anstieg der globalen Durchschnittstemperatur auf zwei Grad Celsius zu begrenzen. Dies bedeutet, dass bundesweit und in Rheinland-Pfalz die Emission von Klimagasen bis zum Jahr 2050 um 90 Prozent (gegenüber 1990) reduziert werden muss.

Hierzu strebt Rheinland-Pfalz an, bis 2030 bilanziell den verbrauchten Strom zu 100 Prozent aus erneuerbaren Energien zu gewinnen. Das Land soll auf diesem Wege ab 2030 zum Stromexportland werden. Bis zum Jahr 2020 wird angestrebt, die Stromerzeugung aus Windkraft zu verfünffachen.[1]

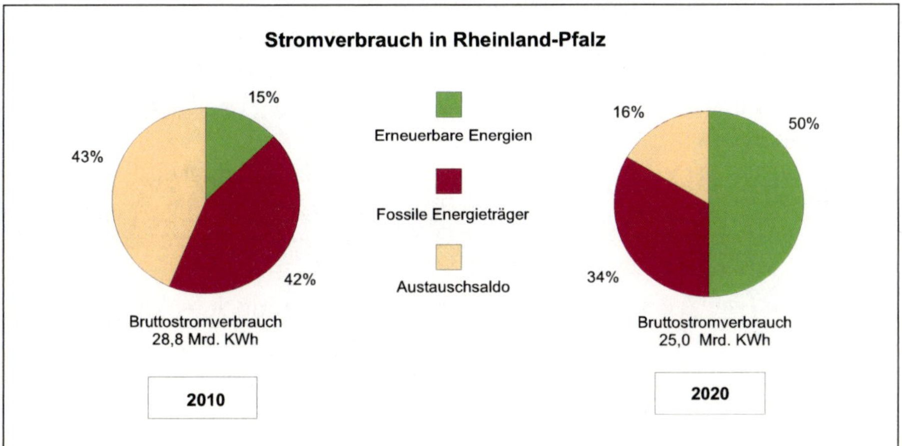

Zahlen für Rheinland-Pfalz nach Berechnungen der Großen Anfrage 16-718 und Statistischem Landesamt.

* Ministerium für Wirtschaft, Klimaschutz, Energie und Landesplanung, Rheinland-Pfalz.

1 Koalitionsvertrag 2011–2016 Rheinland-Pfalz SPD und Bündnis 90/Die Grünen.

Ende 2011 waren in Rheinland-Pfalz bereits 1.177 Windenergieanlagen mit einer Leistung von nahezu 1.700 Megawatt installiert.[2]

Um die Umsetzung der Ausbauzielvorgaben für Erneuerbare Energien in der Raumordnung und Landesplanung zu erreichen, haben die Koalitionspartner der rheinland-pfälzischen Landesregierung vereinbart, in einem ersten Schritt eine Teilfortschreibung des im November 2008 in Kraft getretenen rheinland-pfälzischen Landesentwicklungsprogramms (LEP IV) auf den Weg zu bringen.

II.

Das rheinland-pfälzische Landesentwicklungsprogramm (LEP IV) ist im November 2008 in Kraft getreten. Gemäß § 7 Abs. 1 Landesplanungsgesetz (LPlG) enthält das Landesentwicklungsprogramm die Ziele und Grundsätze der Landesplanung. Die für eine nachhaltige Raumentwicklung landesplanerisch wesentlichen Elemente werden beschrieben. Gemäß § 8 Abs. 1 S. 7 LPlG wird das Landesentwicklungsprogramm durch Rechtsverordnung der Landesregierung für verbindlich erklärt. Demgemäß wurde die von den Koalitionspartnern vereinbarte Teilfortschreibung nunmehr in Form eines Verordnungsentwurfs der Landesregierung zur Änderung der Landesverordnung über das Landesentwicklungsprogramm hinsichtlich des Kapitels „Erneuerbare Energien" vorgelegt.[3]

Nach diesem Verordnungsentwurf ist durch die Vorgabe verbindlicher Ziele der Raumordnung ein geordneter Ausbau der Windenergienutzung durch die Regionalplanung und die Bauleitplanung sicherzustellen. Dabei sind Räume mit hoher Windhöffigkeit vorrangig zu sichern.

Um einen substanziellen Beitrag zur Stromerzeugung zu ermöglichen, sind zwei Prozent der Fläche des Landes Rheinland-Pfalz für die Windenergienutzung bereitzustellen. Die Regionen des Landes leisten hierzu entsprechend ihrer natürlichen Voraussetzungen einen anteiligen Beitrag. Landesweit sind mindestens zwei % der Fläche des Waldes für die Nutzung durch die Windenergie zur Verfügung zu stellen.

In den Regionalplänen sind Vorranggebiete für die Windenergienutzung auszuweisen.

2 Quelle: DEWI, Stand 31.12.2012.

3 Entwurf einer Teilfortschreibung des Landesentwicklungsprogramms (LEP IV) Kap. 5.2.1 Erneuerbare Energien; Stand: 24.1.2012.

Die Errichtung von Windenergieanlagen ist in rechtsverbindlich festgesetzten Naturschutzgebieten, in als Naturschutzgebiet vorgesehenen Gebieten, für die nach § 24 Naturschutzgesetz eine einstweilige Sicherstellung erfolgt ist, in den Kernzonen der Biosphärenreservate, in Nationalparken und in den Kernzonen der UNESCO-Welterbegebiete Oberes Mittelrheintal und Obergermanisch-Raetischer Limes auszuschließen.

FFH- und Vogelschutzgebiete stehen einer Ausweisung nur dann entgegen, wenn die Windenergienutzung zu einer erheblichen Beeinträchtigung des jeweiligen Schutzzweckes führt und eine Ausnahme nicht erteilt werden kann. Kernzonen der Naturparke stehen einer Ausweisung nur dann entgegen, wenn die Windenergienutzung dem jeweiligen Schutzzweck zuwiderläuft und eine Befreiung nicht erteilt werden kann. Die Pufferzonen der anerkannten Welterbegebiete Oberes Mittelrheintal und Obergermanischer-Raetischer Limes stehen einer Ausweisung entgegen, wenn diese mit dem Status des UNESCO-Welterbes nicht vereinbar ist.

Die außerhalb der vorgenannten Gebiete und der Vorranggebiete liegenden Räume sind der Steuerung durch die kommunale Bauleitplanung in Form von Konzentrationsflächen vorbehalten.

In der Begründung der vorgenannten Ziele der Raumordnung ist ergänzend ausgeführt, dass aufgrund des besonders hohen Waldflächenanteils an der Gesamtfläche des Landes Rheinland-Pfalz diesen Flächen bei der zukünftigen Nutzung der Windenergie eine besondere Bedeutung zukommt.

Die außerhalb der Vorrang- und Ausschlussgebiete liegenden Räume sind der kommunalen Bauleitplanung vorbehalten. Sie soll mithHilfe von Konzentrationszonen eine planerische Bündelung der Windkraftanlagen gewährleisten und über die Ausweisung von Flächen für die Windenergienutzung in ihren Flächennutzungsplänen einen Beitrag zur Energiewende leisten.

Die Strategische Umweltprüfung (SUP) wurde hinsichtlich des Kapitels „Erneuerbare Energien" des Landesentwicklungsprogramms (LEP IV) mit folgendem Ergebnis überarbeitet: „Im Vergleich mit der (bisherigen) Regelung des LEP IV bewirkt die Neuaufstellung eine deutliche Förderung der Windenergienutzung. Dies trägt zu einer hinsichtlich des Treibhauseffektes positiv zu bewertenden Verminderung der Treibhausgasemissionen bei. Zugleich erfolgt eine Rücknahme restriktiv wirkender Bedingungen für die Windenergienutzung, was in Einzelfällen zu erheblichen lokal bis regional wirksamen Umweltauswirkungen führen kann. Da die räumliche Steuerung maßgeblich auf der regionalen und lokalen Planungsebene erfolgt, lassen sich derartige Wirkungen jedoch nicht direkt auf die vorgenommenen Festlegungen zurückführen.

Um bei gesamträumlicher Betrachtung eine Minimierung der raumbezogenen Umweltauswirkungen zu erreichen, wird vor diesem Hintergrund künftig der räumlichen Steuerung der Windenergienutzung auf regionaler und kommunaler Ebene eine erhöhte Bedeutung zukommen."

Der am 24. Januar dieses Jahres im Ministerrat der rheinland-pfälzischen Landesregierung behandelte Entwurf der Teilfortschreibung des Landesentwicklungsprogramms (LEP IV) zum Kapitel Energieversorgung wurde für das Anhörungs- und Beteiligungsverfahren gemäß den Vorgaben des Landesplanungsgesetzes freigegeben. Die Verfahrensbeteiligten sowie die Öffentlichkeit haben die Möglichkeit der Stellungnahme gegenüber dem Ministerium für Wirtschaft, Klimaschutz, Energie und Landesplanung bis zum 30.4.2012. Das Inkrafttreten der Teilfortschreibung des Landesentwicklungsprogramms (LEP IV) als Landesverordnung wird noch im Jahr 2012 angestrebt.

III.

Zeitgleich mit der Teilfortschreibung des Landesentwicklungsprogramms (LEP IV) wird die Überarbeitung der „Hinweise zur Beurteilung der Zulässigkeit von Windenergieanlagen"[4] angestrebt. Zentraler Inhalt der Überarbeitung dieser empfehlenden Hinweise soll der Verzicht auf eine generelle Vorgabe von Mindestabständen von Windenergieanlagen zu Siedlungskörpern sein. Der vorbeugende Immissionsschutz soll sich künftig ausschließlich nach den Vorgaben des Bundesimmissionsschutzgesetzes und der TA Lärm beurteilen. Danach sind die erforderlichen Abstände insbesondere abhängig von der Art und Anzahl der jeweiligen Windenergieanlagen sowie der Schutzbedürftigkeit der betroffenen Gebiete.

Weiterhin geht die Neufassung des Rundschreibens von der Annahme aus, dass die Energieversorgung mit regenerativen Energien ein öffentliches Interesse darstellt und Windenergieanlagen nach § 35 Abs. 1 Nr. 5 Baugesetzbuch zu den privilegierten Vorhaben im Außenbereich gehören. Aus diesen gesetzlichen Wertungen ergibt sich regelmäßig ein überwiegendes öffentliches Interesse für die Erteilung von Befreiungen von naturschutzfachlichen Regelungen,

4 Gemeinsames Rundschreiben des Ministeriums der Finanzen, des Ministeriums des Innern, für Sport, des Ministeriums für Wirtschaft, Verkehr, Landwirtschaft und Weinbau und des Ministeriums für Umwelt und Forsten vom 30.1.2006 (FM 3275-4531).

die einer Errichtung von Windenergieanlagen entgegenstehen. Auch hierdurch kann der verstärkte und zügige Ausbau von Erneuerbaren Energien sichergestellt werden.

IV.

Es bleibt nunmehr abzuwarten, mit welchem Ergebnis die Behörden- und Öffentlichkeitsbeteiligung abgeschlossen wird und in welcher Fassung der vorliegende Entwurf der Teilfortschreibung des Kapitels „Erneuerbare Energien“ des rheinland-pfälzischen Landesentwicklungsprogramms (LEP IV) dem Ministerrat zur Beschlussfassung vorgelegt und als Landesverordnung in Kraft treten kann.

Steuerung der Windkraftnutzung unter veränderten landespolitischen Vorzeichen*

*Prof. Dr. Willy Spannowsky***

I. Einleitung

II. Die Ausgangssituation bei der Beurteilung der Zulässigkeit von Vorhaben der Erforschung, Entwicklung und Nutzung der Windenergie
   1. Das Spektrum der bei der Vorhabenzulassung zu beurteilenden Anlagentypen
   2. Unterschiedliche Steuerungsbedürfnisse – verschiedene Planungskonzepte
   3. Die Grundstruktur des rechtlichen Kontroll- und Steuerungsmechanismus

III. Der gesetzliche Planvorbehalt – Kernelement einer nachhaltigkeitsorientierten Standortplanung

IV. Wesentliche Eckpunkte der Rechtsprechung zur Steuerung der Windkraftnutzung auf der Basis des Planvorbehalts nach § 35 Abs. 3 S. 3 BauGB

V. Veränderte landespolitische Vorzeichen und deren Problematik

VI. „Offene Flanken" der landespolitischen Umsteuerung

VII. Änderungen aufgrund des Gesetzes zur Förderung des Klimaschutzes bei der Entwicklung in den Städten und Gemeinden vom 22.7.2011

VIII. Schlussfolgerungen mit Blick auf eine nachhaltige Weiterentwicklung der Raumordnungspläne zur Steuerung der Windenergienutzung auf der Ebene der Landesplanung

---

* Diese Abhandlung beruht auf einem Vortrag, der im Rahmen der wissenschaftlichen Frühjahrstagung am 19.3.2012 in Kaiserslautern gehalten wurde. Die Fachtagung stand unter der Überschrift „Klima- und naturschutzgerechte Gemeinde- und Regionalentwicklung bei der Nutzung von Windenergie". Eine Veröffentlichung dieser Abhandlung erfolgt auch in der ZfBR 2012, voraussichtlich Heft 5.

** TU Kaiserslautern.

I. Einleitung

Seit die europäische Union mit der Richtlinie 2001/77/EG vom 27.9.2001 einen Gemeinschaftsrahmen zur Steigerung des Anteils erneuerbarer Energiequellen an der Stromerzeugung geschaffen hat, hat die Windenergienutzung kontinuierlich an Bedeutung gewonnen. Im Zuge der Umsetzung der europäischen strategischen Zielsetzungen dieser Richtlinie legte die Bundesregierung im August 2007 zunächst 29 Eckpunkte für ein integriertes Energie-und Klimaprogramm fest. Die darin vorgesehenen Maßnahmen führten zu einer Änderung der energie- und planungsrechtlichen Rahmenbedingungen. Schon auf europäischer Ebene angelegt ist aber auch der mit der „Energiewende" verschärfte Konflikt zwischen der Förderung Erneuerbarer Energie einerseits und dem Schutz der Habitate und der Biodiversität andererseits (vgl. dazu die Schutzzwecke der Richtlinie 92/43)[1]. Denn durch den Umstieg auf die Erneuerbaren Energiequellen nehmen infolge der dezentralen Energieerzeugung der Flächenverbrauch und die Zerschneidung der Lebensräume zu. Dieser Aspekt wird auf europäischer Ebene unter dem Stichwort der „landscape fragmentation in Europe" erfasst und thematisiert (vgl. dazu EEA Report No. 2/211). In die nationale Flächenbilanz geht der durch die Errichtung von Anlagen der Erneuerbaren Energie im Außenbereich bewirkte Flächenverbrauch bislang nicht ein.[2]

Nicht verändert hat sich seit Einführung der Privilegierung der Windkraftnutzung als Außenbereichsvorhaben mit Gesetz vom 30.7.1996 (BGBl. I S. 1189) das für die Vorhabenzulassung relevante bauplanungsrechtliche Steuerungssystem um die einschlägigen Rechtsnormen, die Privilegierungsregelung des § 35 Abs. 1 Nr. 5 BauGB und die Planvorbehaltsvorschrift des § 35 Abs. 3 S. 3 BauGB. Geändert hat sich jedoch bis heute die Rechtsanwendungspraxis im Umgang mit diesen Rechtsvorschriften, vor allem deshalb, weil die Rechtsprechung diesen durch die richterliche Auslegung präzisere Konturen im Hinblick auf die bauplanungsrechtliche Zulässigkeit verliehen hat.[3] Dazu gab es für die Recht-

1 Mitteilung der Kommission vom 3.5.2011: „Lebensversicherung und Naturkapital: Eine Biodiversitätsstrategie der EU für das Jahr 2020, KOM (2011) 244.

2 Vgl. Lütkes, Bundesministerium für Umwelt, Naturschutz und Reaktorsicherheit, Schutz der Biodiversität und der Naturressourcen contra Windkraftnutzung, in: Spannowsky/Hofmeister, Klima- und naturschutzgerechte Gemeinde- und Regionalentwicklung bei der Nutzung von Windenergie, erscheint voraussichtlich im Herbst 2012.

3 Vgl. dazu Spannowsky/Weick/Gouverneur, Raumordnerische Steuerung der Windenergienutzung im Lichte aktueller Rechtsprechung, UPR 5/2004, 161 ff. (Stand der Rechtsprechung bis 2003).

sprechung immer wieder Veranlassung, da die bauplanungsrechtlichen Zulässigkeitsvorschriften im Schnittfeld zwischen verschiedenen in Konflikt tretenden normativ ausgestalteten Rechtswerten unausweichlich zu einer abschließenden Entscheidung über die Zulässigkeit oder Nichtzulässigkeit eines Vorhabens an einem bestimmten Standort im Außenbereich zwingen. Deshalb gab es für die Rechtsprechung immer wieder Gelegenheit, das rechtliche Steuerungssystem durch richterliche Auslegung der Zulässigkeitsvoraussetzungen im Lichte der Wertordnung nachzujustieren. Die von der Rechtsprechung im Wege der Rechtsauslegung entwickelten Kontrollmaßstäbe lassen Raum für eine dem veränderten Stellenwert der Förderung des Klimaschutzes und des öffentlichen Interesses am Ausbau der erneuerbaren Energiequellen Rechnung tragenden Steuerung der Windenergienutzung.

Eine aktuelle Problematik im Zusammenhang mit der Steuerung der Windkraftnutzung ist dadurch entstanden, dass in neuerer Zeit auf landespolitischer Ebene der Weg eingeschlagen worden ist, die Wahrnehmung der Raumordnungsaufgabe zur Steuerung der Windkraftnutzung aufzugeben oder einzuschränken, um damit der Energiewende durch eine Erleichterung der Installierung von Windkraftenergie eine kurzfristig erkennbare Schubkraft zu verleihen. So ist aufgrund der saarländischen Verordnung über die 1. Änderung des Landesentwicklungsplans, Teilabschnitt „Umwelt (Vorsorge für Flächennutzung, Umweltschutz und Infrastruktur)" vom 27.9.2011 die Ausschlusswirkung der bisherigen Ausweisung von Vorranggebieten aufgehoben worden. Gemäß § 3 dieser Verordnung wurde folgende Festlegung getroffen: „Die Textziffer 65: ‚Außerhalb von Vorranggebieten für Windenergie (VE) ist die Errichtung von Windkraftanlagen ausgeschlossen' wird aufgehoben." Ähnliche Bestrebungen zur Einschränkung der regionalplanerischen Steuerung der Windenergienutzung gibt es auch in Baden-Württemberg[4] und Rheinland-Pfalz. Es besteht Veranlassung, diese angebahnten landespolitischen Ansätze zur Umsteuerung auf der Basis einer Rechtsprechungsanalyse und vor dem Hintergrund divergierender rechtlicher Steuerungsansätze in Bund und Ländern einer Überprüfung zu unterziehen.

4 Vgl. zu den geplanten Änderungen des Landesplanungsgesetzes in Baden-Württemberg http://www.windenergie.de/infocenter/meldungen/2012/baden-wuerttemberg-kabinett-verabschiedet-landesplanungsgesetz-zum-ausbau. Dieses Gesetz soll am 9.5.2012 in Kraft treten.

II. Die Ausgangssituation bei der Beurteilung der Zulässigkeit von Vorhaben der Erforschung, Entwicklung und Nutzung der Windenergie

1. Das Spektrum der bei der Vorhabenzulassung zu beurteilenden Anlagentypen

Infolge der technologischen Entwicklungen der letzten 20 Jahre gab es in der Technik der Windkraftanlagen, für deren Errichtung und Betrieb eine Genehmigung beantragt wird, rasante Veränderungen. Während noch im Jahr 2003 Pläne aufgestellt wurden, welche auf Anlagen mit 50 m Höhe zugeschnitten waren, erreichen heutige Windkraftanlagen im Binnenland Gesamthöhen von bis zu 200 Metern. Ca. 60 % der im Jahr 2011 installierten Anlagen waren höher als 140 Meter.

Für solche Anlagen mit einer Gesamthöhe von mehr als 50 Metern ist gemäß § 1 der 4. BImSchV die Durchführung eines immissionsschutzrechtlichen Genehmigungsverfahrens erforderlich. Die Genehmigung kann nach § 2 Abs. 1 Nr. 2 und Spalte 2 Nr. 1.6 des Anhangs der 4. BImSchV i.V.m. § 19 BImSchG im vereinfachten Verfahren erteilt werden, sofern dies nach Art, Ausmaß und Dauer der von diesen Anlagen hervorgerufenen schädlichen Umwelteinwirkungen und sonstigen Gefahren, erheblichen Nachteilen der Nachbarschaft vereinbar ist. Für kleinere Anlagen reicht eine Baugenehmigung.

Bei der Fortschreibung der Pläne, die sich auf die Nutzung der Windkraft beziehen, sind die Veränderungen, die infolge der Veränderungen der Anlagentechnik eingetreten sind, in mehrerer Hinsicht von Bedeutung, hinsichtlich der Effizienz des Einsatzes der Windkraftnutzung als Quelle Erneuerbarer Energie als auch hinsichtlich der räumlichen Auswirkungen einer solchen Anlage.

Unabhängig vom Typ der Windenergieanlage ist die bauleitplanerische Zulässigkeit eines solchen Vorhabens nach § 35 BauGB zu beurteilen.

2. Unterschiedliche Steuerungsbedürfnisse – verschiedene Planungskonzepte

Die öffentlichen Planungsträger können mit verschiedenen Sachverhalten konfrontiert sein, für die differenzierte Gestaltungsanforderungen zu erfüllen sind, für die verschiedene Gestaltungsoptionen und Lösungspotenziale zur Verfügung stehen. Dabei sind folgende Steuerungskonzepte zu unterscheiden:

a) Entscheidung gegen eine öffentliche Planung: einzelfallbezogene Zulässigkeitsbeurteilung nach der gesetzlichen Regel-Ausnahme-Systematik des § 35 BauGB,
b) Positivausweisung von Flächen und/oder Standorten für die Errichtung und Nutzung von Windenergieanlagen ohne Ausschlusskonzeption und
c) Konzentrationsplanung mit planerischer Ausschlusskonzeption.

Für eine Positivausweisung können verschiedene Gründe sprechen:

- Es sollen im Planungsgebiet optimale Standorte für die Windenergienutzung gefunden werden, bei denen sowohl die Windhöffigkeit als auch die Netzeinspeisungsmöglichkeiten möglichst optimal sind und möglichst geringe Nutzungskonflikte bestehen.
- Es soll der Klimaschutz und der Einsatz Erneuerbarer Energien gefördert werden, um größere Unabhängigkeit von fossilen Energiequellen zu gewinnen.
- Durch die Planung soll das Repowering ermöglicht werden, so dass die Windenergienutzer von der erhöhten Förderung des § 30 EEG profitieren können. Danach erhöht sich die Anfangsvergütung um 0,5 Cent pro Kilowattstunde für Strom aus Windenergieanlagen, die im selben oder in einem angrenzenden Landkreis eine oder mehrere bestehende Anlagen endgültig ersetzen (Repowering-Anlagen), wenn diese mindestens zehn Jahre nach den ersetzten Anlagen in Betrieb genommen worden sind und deren Leistung mindestens das Zweifache und maximal das Fünffache der ersetzten Anlagen beträgt. Dies setzt voraus, dass Standorte zur Ermöglichung des Repowering ausgewiesen werden.
- Die Gemeinden, die sich in finanzieller Not befinden, erschließen sich eine Einnahmequelle.

Als öffentliche Belange, die an bestimmten Standorten gegen eine Ausweisung von Windenergie sprechen können, können sowohl städtebauliche als auch raumfunktionelle und raumstrukturelle in Betracht kommen. Dabei kann die Bedeutung dieser öffentlichen Belange standortbezogen unterschiedliches Gewicht haben. Für den Ausschluss an bestimmten Standorten können folgende öffentlichen Belange sprechen:

- Das kommunale Eigenentwicklungsinteresse infolge eines Bedarfs an Wohn- und Gewerbeflächen; das Gewicht dieses Belangs kann abhängig sein von der Lage der Gemeinden (Wachstums- oder Schrumpfungsräume);

- es fehlen ausreichende Netzeinspeisungs- und Speicherungskapazitäten;
- Entwicklungsbedarf für andere auch im öffentlichen Interesse liegende Freiraumnutzungen (andere Quellen Erneuerbarer Energie, z.B. Biomasse-Anlagen und gebäudeunabhängige Photovoltaik-Anlagen oder – in größerem Maße standortabhängig – die Nutzung von Geothermie, die Rohstoffgewinnung, der Schutz kritischer Infrastrukturen oder von Militäranlagen, z.B. der störungsfreie Betrieb von Polygonen und Radaranlagen) und vor allem
- Naturschutzbelange (vom standortbezogenen Artenschutz bis hin zum naturschutzrechtlichen Gebietsschutz (Naturschutzgebiete, Biosphärenreservate, Boden- und Flächendenkmäler etc.);
- Flächenbezogene Umweltvorsorge zugunsten von Lebensraumkorridoren und -netzwerken, aber auch des Schutzes des Landschaftsbildes (z.B. Pufferzone vor besonders schutzwürdigen Ensembles, historischen Bauten etc.).

Aufgrund einer planerischen Ausschlusskonzeption soll die Realisierung von Windenergieanlagen auf Flächen ausgeschlossen werden, bei denen bei objektiver Gewichtung der für und gegen die Errichtung und Nutzung von Windenergieanlagen sprechenden Belange ein Vorrang zugunsten anderer Vorhaben und Freiraumnutzungen besteht oder öffentliche Belange teilräumlich oder standortbezogen der Windenergienutzung entgegenstehen.

Das Vorhandensein dieser skizzenhaft beschriebenen vielfältigen Erscheinungsbilder mit unterschiedlicher räumlicher Ausgangssituation und unterschiedlichen Standortgegebenheiten macht häufig eine Planung erforderlich. Für jede der beschriebenen Erscheinungsbilder mit differenzierten Steuerungsbedürfnissen steht gemäß § 35 i.V.m. § 249 BauGB eine Steuerungsoption zur Verfügung.

Wenn nun, wie in neuerer Zeit diskutiert, auf der Landesebene bewusst raumordnungsplanerischer Planungsverzicht geübt wird, so besteht die Gefahr, dass dann auch die öffentlichen Belange, die auf die Entwicklungs- und Schutzfunktion der Raumordnungsplanung angewiesen sind, mit Konsequenzen für die Nachhaltigkeit der Raumentwicklung auf der Strecke bleiben. Diese Gefahr ist besonders groß, weil insbesondere der Schutz von Lebensraumkorridoren, soweit er nicht EU-rechtlich mit entsprechendem Schutzregime wie beim Artenschutz vorgegeben ist, in dem verbleibenden Kontroll- und Steuerungsmechanismus keinen ausreichenden Schutz findet. Bei dem Verzicht auf die raumordnungsplanerische Steuerung dürfte im Interesse der Förderung Erneuerbarer Energie rechtspolitisch durchaus einkalkuliert worden sein, dass die Kommunen in Anbetracht ihrer teilweise verheerenden Finanznot dazu verführt sein könnten, ungeachtet der ökologischen Nachhaltigkeit im Wettlauf mit Nachbargemeinden ebenfalls auf die Wahrung entgegenstehender öffentlicher Belange zu verzichten.

3. Die Grundstruktur des rechtlichen Kontroll- und Steuerungsmechanismus

§ 35 BauGB enthält eine differenzierte gesetzliche Regel-Ausnahme-Systematik. Damit ist ein gesetzlicher Beurteilungsrahmen vorhanden, der gewährleistet, dass über den bei einer Standortentscheidung über ein Außenbereichsvorhaben im Regelfall auftretenden Konflikt zwischen privaten und öffentlichen Belangen einzelfallbezogen nach einer Interessenabwägung entschieden werden kann. § 35 BauGB trägt mit seiner differenzierten Regel-Ausnahme-Struktur sowohl dem Grundrechtsschutz den Eigentümern und Investoren gegenüber als auch der Aufgabenverantwortung der öffentlichen Hand Rechnung. Denn er stellt auch eine Balance zwischen der prinzipiell einzelfallbezogenen bauplanungsrechtlichen Zulässigkeitsbeurteilung, welche die zuständigen Genehmigungsbehörden zu treffen haben, und der auf die Steuerung einer Mehr- bzw. Vielzahl von Einzelvorhaben ausgerichteten Planungsentscheidung durch die öffentlichen Planungsträger her.

Die Errichtung und der Betrieb von Windkraftanlagen leisten zwar einen wesentlichen Beitrag zur Erreichung der mit dem Einsatz Erneuerbarer Energiequellen erstrebten ökologischen Zielsetzungen, flächen- und standortbezogen können die Errichtung und der Betrieb von Windkraftanlagen mit verschiedenen Rechtsgütern aber in unterschiedlicher Intensität in Kollision geraten. So können von Windkraftanlagen auf die Nachbarschaft mehr- oder weniger erhebliche Lärm- und Lichteinwirkungen ausgehen. Mit dem Ausbau der dezentralen Energieerzeugung durch Windkraftanlagen ist im Vergleich mit der klassischen Energieerzeugung unter Berücksichtigung der Erfordernisse einer ausreichenden wegemäßigen Erschließung eine Ausdehnung der Flächeninanspruchnahme im Freiraum verbunden. Es können dabei Nutzungskonflikte mit anderen Nutzungen im Freiraum entstehen (z. B. Rohstoffabbau, Errichtung und der Betrieb anderer Anlagen der Erneuerbaren Energien, Errichtung und der Betrieb von Infrastruktur- und Freizeiteinrichtungen). Außerdem können einzelne oder mehrere Naturschutzgüter am Standort mehr oder weniger intensiv beeinträchtigt werden. Und es können Konflikte mit abweichenden städtebaulichen oder raumstrukturellen landes- oder regionalplanerischen Planungsvorstellungen entstehen.

Die Entscheidung über die Zulässigkeit eines Vorhabens der Windenergienutzung an einem bestimmten Standort muss daher mitunter in einem spannungsgeladenen Konfliktfeld verschiedener normativ ausgeformter Rechtsgüter getroffen werden. So können einerseits die Grundrechte der Grundstückseigentümer, der Projektentwickler und Investoren sowie die für den Ausbau der Windkraftnutzung sprechenden öffentlichen Belange des Klimaschutzes und der europäischen Energiepolitik, die in einfach-gesetzlichen Änderungen des Energierechts ihren normativen Niederschlag gefunden haben, und andererseits die in einer bestimmten räumlichen Situation gegen die Windenergienutzung an einem bestimmten Standort sprechenden öffentlichen Belange in Konflikt geraten. Gegen die Windenergienutzung an einem bestimmten Standort können im Einzelfall Belange einer nachhaltigen städtebaulichen oder regionalen Entwicklung, naturschutzfachliche, fachplanerische, wirtschaftliche und verteidigungs- oder sicherheitspolitische Belange sprechen.

Auf die beschriebene Ausgangssituation hat der Gesetzgeber mit der Einrichtung eines Kontrollverfahrens reagiert, indem er die Zulassung der Errichtung und des Betriebs eines Windkraftvorhabens unter Genehmigungsvorbehalt gestellt hat (sog. Verbot mit Erlaubnisvorbehalt). Der Erfolg des Genehmigungsantrags hängt nach den Voraussetzungen des § 6 Abs. 1 Nr. 2 1. Alt. BImSchG und nach den bauordnungsrechtlichen Genehmigungstatbeständen vor allem davon ab, ob die Errichtung und der Betrieb der Anlage am vorgesehenen Standort mit dem Bauplanungsrecht im Einklang steht.

Die bauplanungsrechtliche Zulässigkeit eines Vorhabens, das die Errichtung, Änderung oder Nutzung einer Windkraftanlage in der genannten Größenordnung zum Gegenstand hat, ist nach § 35 BauGB zu beurteilen. § 35 Abs. 1 bis 3 BauGB enthält dazu zur Prüfung der bauplanungsrechtlichen Zulässigkeit eine differenzierte Regel-Ausnahme-Systematik.

Windkraftanlagen gehören nach § 35 Abs. 1 Nr. 5 BauGB zu den im Außenbereich privilegierten Vorhaben. Danach ist die Erforschung, Entwicklung oder Nutzung der Windenergie zulässig, wenn öffentliche Belange nicht entgegenstehen und die ausreichende Erschließung gesichert ist. Das heißt eine bloße Beeinträchtigung der in § 35 Abs. 3 BauGB aufgeführten öffentlichen Belange reicht anders als bei sonstigen Vorhaben im Sinne von § 35 Abs. 2 BauGB zur Begründung einer Versagungsentscheidung nicht aus.

Nach der Rechtsprechung des BVerwG muss bei privilegierten Vorhaben im Sinne von Abs. 1 im Wege einer Interessenabwägung im Einzelfall festgestellt werden, ob es sich bei einem entgegenstehenden öffentlichen Belang im Sinne des exemplarischen Katalogs um einen nach seinem Gewicht so bedeutsamen handelt, dass er den privilegierten Vorhaben am vorgesehenen Standort „entgegensteht". Dabei ist der Privilegierungszweck, der der Gesetzgeber dem Vorhaben beigemessen hat, besonders zu berücksichtigen;[5] bei der Windenergienutzung ist dies heutzutage auch die Bedeutung von Windkraftanlagen für den Einsatz Erneuerbarer Energie. Das heißt, dass der Widerspruch zu Darstellungen des Flächennutzungsplans, eines Landschaftsplans oder sonstigen Fachplans, dass Umwelteinwirkungen, unwirtschaftliche Aufwendungen für Straßen oder andere Verkehrseinrichtungen jeweils für sich noch nicht zu der Schlussfolgerung führen können, dass der Genehmigungsantrag zu versagen ist. Vielmehr muss aufgrund einer Interessenabwägung festgestellt werden, ob im konkreten Einzelfall der Widerspruch zu einem höher gewichtigen öffentlichen Belang gegeben ist, der einem normativen Rechtsverstoß qualitativ gleichzusetzen ist. Dies kann z. B. zu bejahen sein, wenn die in Betracht kommenden Lärmimmissionen ein besonders schutzwürdiges Gebiet nachteilig betreffen.[6] Für Bewohner des Außenbereichs liegt die Zumutbarkeitsschwelle für Lärmimmissionen, die von einer Windenergieanlage ausgehen, wegen der Privilegierung der Windenergienutzung im Außenbereich nach der Rechtsprechung relativ hoch bei 60 dB (A) tagsüber bzw. 45 dB (A) nachts.[7] Es handelt sich bei dieser Rechtsprechung um eine Konkretisierung des Rücksichtnahmegebots.

Hinsichtlich der Steuerungswirkung eines „entgegenstehenden Belangs" besteht grundsätzlich nach der Regelungssystematik des § 35 kein Unterschied darin, ob eine Gemeinde für den vorgesehenen Standort andere Nutzungen im Sinne von § 35 Abs. 3 S. 1 Nr. 1 BauGB dargestellt hat oder ob sie eine Konzentrationsplanung im Sinne von § 35 Abs. 3 S. 3 BauGB vorgenommen und ausdrücklich die Windkraftnutzung für bestimmte Standorte durch Ausweisung einer Konzentrationszone für die Windkraftnutzung an anderer Stelle ausgeschlossen hat. Die Rechtsfolgen, die § 35 Abs. 3 S. 3 BauGB auslöst, reichen jedoch wegen der damit verbundenen, durch die Konzentrationsplanung bewirkten Regelvermutung weiter. Denn eine Konzentrationsplanung im Sinne von § 35 Abs. 3 S. 3 BauGB lässt anders als ein „entgegenstehender Belang" im Sinne von § 35 Abs. 3 S. 1 BauGB, wenn sie abwägungsgerecht durchgeführt worden ist, keinen Spielraum mehr für eine nachgeschaltete Interessenabwägung. Sie begründet

5 So BVerwG in ständiger Rechtsprechung (BVerwGE 28, 148=NJW 1968, 1105; DVBl 1972, 685; DÖV 1974, 566; DÖV 1979, 905 und dazu Söfker, in: Spannowsky/Uechtritz, BeckOK, § 35 Rn 48.

6 Vgl. dazu BVerwG, DVBl. 1979, 622.

7 So OVG Münster, ZfBR 2003, 276 und ZfBR 2005, 587.

vielmehr eine Regelvermutung dafür, dass die Windenergienutzung im übrigen Plangebiet außerhalb der Konzentrationszone ausgeschlossen ist. Diese Regelvermutung kann nur durch für die Windenergienutzung sprechende Umstände entkräftet werden, die nicht schon im Rahmen der Abwägung berücksichtigt worden sind.

Das BVerwG[8] hat die Besonderheit, die mit der Regelung des § 35 Abs. 3 S. 3 BauGB verbunden ist, wie folgt umschrieben: Diese Regelung habe zur Folge, dass die Darstellungen der mit der Flächennutzungsplanung vorgenommenen Konzentrationsplanung nicht mehr lediglich der Vorbereitung der Bebauungsplanung dienten. Vielmehr führten die Darstellungen der Konzentrationsplanung eine unmittelbar wirksame Beachtenspflicht herbei. Diese komme darin zum Ausdruck, dass den für die Freihaltung des Außenbereichs maßgebenden öffentlichen Belangen grundsätzlich Vorrang vor der angeordneten Privilegierung des ausgeschlossenen Vorhabens zukomme. Im Anwendungsbereich von § 35 Abs. 3 S. 3 BauGB erfülle der Flächennutzungsplan eine dem Bebauungsplan vergleichbare Funktion und regele Inhalt und Schranken des Eigentums.[9] Der generelle Vorrang der die Freihaltung rechtfertigenden öffentlichen Belange entfalle nur in Ausnahmefällen, die die der Planung zugrunde liegende Konzeption nicht infrage stellten.[10] Dies gilt entsprechend auch für Ziele der Raumordnung, die normative Festlegungen im Sinne des § 35 Abs. 3 S. 3 BauGB enthalten. Nach der Regelungssystematik des § 35 BauGB ist die Errichtung und der Betrieb von Windkraftanlagen auch im Vergleich mit anderen größeren Anlagen der Erneuerbaren Energie, wie z. B. der Errichtung und dem Betrieb von großflächigen gebäudeunabhängigen Photovoltaikanlagen oder von selbstständigen Biomasseanlagen, die nicht mit einem landwirtschaftlichen Betrieb verbunden sind, durch diese Privilegierung bevorzugt. Aufgrund des Gesetzes zur Förderung des Klimaschutzes bei der Entwicklung in den Städten und Gemeinden vom 22.7.2011 ist erweiternd lediglich ein Privilegierungstatbestand zugunsten der Nutzung solarer Strahlungsenergie in, an und auf Dach- und Außenwandflächen von zulässigerweise genutzten Gebäuden geschaffen worden. Für gebäudeunabhängige Photovoltaik-Anlagen, die Errichtung selbstständiger Biomasseanlagen mit einer Feuerungswärmeleistung von mehr als 2,0 Megawatt[11] oder

8 BVerwG, Urteil vom 21.10.2004 – 4 C 2/04, NVwZ 2005, 211 f.

9 BVerwG, Urteil vom 17.12.2002 – 4 C 15.01, BVerwGE 117, 287 (303).

10 So BVerwG, Urteil vom 21.10.2004, a.a.O., NVwZ 2005, 212.

11 Siehe seit Inkrafttreten des Gesetzes zur Förderung des Klimaschutzes bei der Entwicklung in den Städten und Gemeinden vom 22.7.2011 § 35 Abs. 1 Nr. 6 d).

eine Anlage zur Erzeugung von Biogas, die mehr als 2,3 Millionen Normkubikmeter Biogas pro Jahr erzeugt, ist dagegen, soweit dadurch öffentliche Belange beeinträchtigt werden können, weiterhin die Aufstellung eines Bebauungsplans erforderlich. Dahinter steht letztlich die Wertung, dass der Ausgleich der bei der Errichtung und dem Betrieb solcher Anlagen regelmäßig bestehende multipolare Interessenkonflikt im Rahmen der öffentlichen Planung erfolgen soll.

Andererseits hat der Gesetzgeber für die Errichtung und den Betrieb einzelner Windkraftanlagen mit der Regelungssystematik des § 35 BauGB zum Ausdruck gebracht, dass der dadurch entstehende Interessenkonflikt im Regelfall von der zuständigen Genehmigungsbehörde im immissionsschutzrechtlichen Genehmigungsverfahren aufgrund einer einzelfallbezogenen Rechtsanwendung gelöst werden kann. Soweit der Nutzung der Windenergie keine öffentlichen Belange entgegenstehen, hat die zuständige Genehmigungsbehörde die Genehmigung zu erteilen (sog. gebundene Entscheidung).

Während sich die Errichtung von einzelnen Windkraftanlagen nach der Regelungssystematik des § 35 BauGB durch Anwendung der gesetzlichen Kontrollmaßstäbe im Rahmen der immissionsschutzbehördlichen Genehmigungspraxis einzelfallbezogen steuern ließe, ist dies anders, wenn aufgrund der Gegebenheiten mit einer Häufung der Windenergienutzung in einem Gebiet und wenn damit verbunden mit dem Auftreten von multipolaren Interessen- und Nutzungskonflikten größeren Ausmaßes zu rechnen ist. Unstreitig ist, dass dann sowohl die Träger der Raumordnung als auch die Gemeinden befugt sind, von der ihnen gesetzlich aufgrund § 35 Abs. 3 S. 3 BauGB zugewiesenen Planungsfunktion Gebrauch zu machen.

Danach können die genannten Planungsträger innerhalb ihres funktionell unterschiedlichen Aufgabenbereichs durch Planung eine Regelvermutung in der Weise begründen, dass einem privilegierten Vorhaben, wie einer Windkraftanlage im Sinne von § 35 Abs. 1 Nr. 5 BauGB, ein öffentlicher Belang entgegensteht.

Diese Regelungswirkung setzt voraus, dass durch planerische Darstellungen in einem Flächennutzungsplan oder als Ziele der Raumordnung eine Ausweisung an anderer Stelle erfolgt ist. Einer solchen Konzentrationsplanung mit Ausschlusswirkung an anderer Stelle hat das BVerwG normative Außenwirkung mit der Folge beigemessen, dass nicht nur das normative Ziel der Raumordnung, sondern auch die entsprechende Darstellung in einem Flächennutzungsplan im Wege der Normenkontrolle unter gerichtliche Überprüfung gestellt worden ist.[12]

12 Siehe dazu BVerwG, Urteil vom 26.4.2007 – 4 CN 3/06, NVwZ 2007, 1081 ff.; BVerwG, Beschluss vom 23.8.2008 – 4 BN 16/08, BauR 2009, 475 f.

Eine Konzentrationsplanung mit Ausschlusswirkung kann gem. § 8 Abs. 7 Nr. 1 und 3 ROG durch die Ausweisung von Vorrang- oder Eignungsgebieten vorgenommen werden, da beide Gebietsfestlegungen den Charakter eines Ziels der Raumordnung aufweisen. Da das ROG aufgrund der konkurrierenden Gesetzgebung unmittelbar in den Ländern Geltung beansprucht, ist es nicht mehr erforderlich, dass der Landesgesetzgeber diese Gebietskategorien im Landesplanungsgesetz ausdrücklich vorsieht. Unabhängig davon kann die Steuerung aber auch durch sonstige Zielfestlegungen mit entsprechendem Inhalt erfolgen.[13]

Unterbleibt eine planerische Steuerung der Windkraftnutzung auf der Basis des Planvorbehalts nach § 35 Abs. 3 S. 3 BauGB oder hält es der Planungsträger wegen örtlicher Besonderheiten oder aus sonstigen Gründen nicht für möglich,[14] eine ausgewogene Planung zu beschließen oder sieht er gezielt von einer planerischen Steuerung ab, so bleibt es bei der auf den Einzelfall zugeschnittenen bauplanungsrechtlichen Zulässigkeitsbeurteilung des betreffenden Einzelvorhabens.

Aufgrund des gesetzlichen Planvorbehalts können die Gemeinden und die Träger der Raumordnungsplanung unmittelbar Einfluss auf die Genehmigungsfähigkeit von Windkraftanlagen nehmen.

Das bloße Vorliegen eines Planungserfordernisses begründet für sich genommen jedoch keine planungsrechtliche Unzulässigkeit. Denn es handelt sich dabei nicht um einen „entgegenstehenden öffentlichen Belang" im Sinne von § 35 Abs. 1 BauGB.[15] Zudem ist das schlichte Interesse einer Gemeinde, sich gestützt auf ihre Planungshoheit Planungsmöglichkeiten offenzuhalten, nicht als ungeschriebener öffentlicher Belang zu berücksichtigen.[16] Das heißt, dass sowohl die Gemeinden als auch die Träger der Regionalplanung planen müssen, wenn sie aus städtebaulichen bzw. raumfunktionellen und raumstrukturellen Gründen die Zulassung privilegierter Vorhaben an aus ihrer Sicht ungeeigneten Standorten abwehren und deren Verwirklichung auf andere Standorte konzentrieren wollen. Es ist selbstverständlich, dass dabei die überörtlichen räumlichen Zusammenhänge unter raumfunktionellen und raumstrukturellen Aspekten nur von den Trägern der Regionalplanung für die Planrechtfertigung herangezogen

13 So zutreffend BVerwGE 137, 259 ff.

14 Diese Variante lag dem Beschluss des BVerwG vom 15.9.2009 – 4 B 51/09, BauR 2010, 64 f. zugrunde.

15 So ausdrücklich BVerwG NVwZ 1984, 169 und NVwZ 1996, 597.

16 So BVerwG NJW 1980, 1537 und NVwZ 1991, 161.

werden können, nicht auch von einer einzelnen Gemeinde. Schon aus diesem Grund erscheinen landespolitische Entscheidungen bzw. Bestrebungen, auf eine raumordnungsplanerische Steuerung der Windkraftnutzung zu verzichten oder diese Befugnis unangemessen einzudämmen, problematisch. Auch die Begründung, die Steuerung den Kommunen zu überlassen, vermag deshalb nicht zu tragen. In der Konsequenz bedeutet dies vielmehr, dass gemeindegebietsübergreifende raumstrukturelle und -funktionelle Aspekte bei der Steuerung der Windkraftnutzung keine oder nur noch eine untergeordnete Bedeutung spielen sollen. Es besteht dabei die Gefahr, dass damit zusammenhängende Grundsätze der Raumordnung missachtet werden (z.B. die Schaffung eines großräumig übergreifenden ökologisch wirksamen Freiraumverbundsystems zum Schutz und zur Pflege von Lebensraumkorridoren und -netzwerken oder die Erhaltung und der Schutz von Kultur- und Naturdenkmäler oder die Vermeidung der Zerschneidung der freien Landschaft und von Waldflächen) und hier und da die entsprechenden öffentlichen Belange unangemessen und mit Dauerwirkung im Widerspruch zum Nachhaltigkeitspostulat vernachlässigt werden.

III. Der gesetzliche Planvorbehalt – Kernelement einer nachhaltigkeitsorientierten Standortplanung

Der gesetzliche Planvorbehalt in § 35 Abs. 3 S. 3 BauGB basiert auf der jede rechtsstaatliche Planung rechtfertigenden Grundannahme, wonach eine nachhaltige Entwicklung nur sichergestellt werden kann, wenn beim Vorhandensein mehrerer Entwicklungsoptionen der Ausgleich von Interessengegensätzen und der Konfliktausgleich sachgerecht und ortsnah durch die demokratisch legitimierten Planungsträger aufgrund einer Planungsentscheidung vorgenommen wird. Deshalb hat der Bundesgesetzgeber die Aufgabe, durch Bauleitplanung eine nachhaltige städtebauliche Entwicklung in Verantwortung gegenüber künftigen Generationen und eine dem Wohl der Allgemeinheit dienende Bodennutzung zu gewährleisten, den Gemeinden als Selbstverwaltungsaufgabe übertragen. In gleicher Weise hat der Bundesgesetzgeber auch den Trägern der Regionalplanung die Aufgabe zugewiesen, für ihren jeweiligen Planungsraum einen Beitrag zu einer nachhaltigen Entwicklung, Ordnung und Sicherung des Gesamtraums zu leisten. Dazu gehört unter anderem auch, eine nachhaltige Freiraumstruktur zu entwickeln und zu gewährleisten.

Durch den Planvorbehalt soll ausgeschlossen werden, dass einzelne Maßnahmen ohne Planung zugelassen werden, die wegen ihren räumlichen Auswirkungen einzeln oder im Zusammenwirken mit anderen Einzelmaßnahmen zu Fehlentwicklungen auf kommunaler oder regionaler Ebene führen können. Dem Planvorbehalt liegt die Erwägung zugrunde, dass solche Fehlentwicklung bei ordnungsgemäßer Durchführung eines Planungsverfahrens mit Öffentlichkeits- und Behördenbeteiligung regelmäßig vermieden werden können. Dies schließt freilich nicht aus, dass auch im Rahmen eines Planungsverfahrens Abwägungsfehler vorkommen, die erkennen lassen, dass Nutzungsinteressen oder räumliche Entwicklungsoptionen einseitig und ohne nähere Prüfung zurückgestellt worden sind, dass erhebliche Umweltauswirkungen oder bestimmte Raumfunktionen oder Freiraumnutzungen nicht berücksichtigt worden sind und dadurch schädliche Raumentwicklungstendenzen oder zumindest für die Nachhaltigkeit abträgliche Entwicklungen ausgelöst werden. Das öffentliche Planungsverfahren bietet jedoch regelmäßig eher die Gewähr dafür, dass eine umfangreiche Ermittlung und Bewertung aller Belange stattgefunden hat, als eine behördliche Einzelfallentscheidung im Rahmen eines Vorhabenzulassungsverfahrens.

Außerdem dient die planerische Steuerung der Ausbalancierung verschiedener Freiraumnutzungsinteressen und nicht zuletzt auch dem Zweck, ein nachhaltiges Energiekonzept für den Planungsraum zu verwirklichen, das auch auf andere erneuerbare Energiequellen Rücksicht nimmt.

Die Aufgabenzuordnung, die Planungsbefugnis und die Planungspflicht der Planungsträger korrespondieren miteinander. So haben die Gemeinden Bauleitpläne aufzustellen, sobald und soweit dies für die städtebauliche Entwicklung und Ordnung erforderlich ist. Denn soweit ein privilegiertes Vorhaben an einem Standort errichtet werden soll, für den die Gemeinde nach § 35 Abs. 3 S. 3 BauGB die Windkraftnutzung ausgeschlossen hat, muss dies im Rahmen des Genehmigungsverfahrens beachtet werden. Dies gilt in entsprechender Weise auch für die Regionalplanung, soweit es sich um ein Gebiet handelt, in dem die Windenergienutzung mit anderen Nutzungsansprüchen (z. B. Nutzung von Rohstoffen) oder bestimmten übergreifenden Raumfunktionen in Konflikt gerät (z. B. Schutz von Lebensraumkorridoren). Hierbei ist jedoch von Bedeutung, dass eine Konzentrationsplanung mit der Regelvermutung eines entgegenstehenden Belangs erst existiert, wenn die öffentliche Planung abgeschlossen ist. Während der Planungsphase besteht eine solche Regelvermutung nicht. Vielmehr können die Belange, auf welche die in Aufstellung befindlichen Pläne gestützt werden, lediglich als öffentliche Belange im Rahmen der einzelfallorientierten Interessenabwägung im Genehmigungsverfahren Berücksichtigung finden. Jedoch kann auch ein in Aufstellung befindliches Ziel als sonstiges Erfordernis der Raumordnung im Sinne von § 3 Nr. 4 ROG bereits dem privilegierten Vorhaben als unbenannter öffentlicher Belang im Sinne von § 35 Abs. 3 S. 1 BauGB entgegenstehen.[17]

Soweit Gemeinden – wie gegenwärtig im Saarland – sich auf die Positivausweisung von Flächen für die Windenergienutzung beschränken und nicht auch zugleich mit der Darstellung solcher Flächen im Flächennutzungsplan eine Ausschlusswirkung für das restliche Gemeindegebiet begründen, erreichen sie mit ihrer Planung lediglich den Zweck, dass die Windkraftnutzung auf den geplanten Positivflächen grundsätzlich Vorrang gegenüber sonstigen Nutzungen beanspruchen kann. Solche Ausweisungen erzeugen also eine begründungsbedürftige Steuerungswirkung zum Nachteil sonstiger Vorhaben. Dem Antrag zur Errichtung einer Windenergieanlage kann, wenn bei der Flächennutzungsplanung, die sich auf eine Positivausweisung von Standorten beschränkte, eine Abwägung mit entgegenstehenden Belangen stattgefunden hat, im Genehmigungsverfahren grundsätzlich nicht mehr entgegengehalten werden, diese Belange würden der Zulässigkeit der Vorhaben an den ausgewiesenen Standorten entgegenstehen (arge § 35 Abs. 3 S. 2 2. Hs. BauGB). Eine solche Positivausweisung kann erforderlich sein, wenn damit durch ein Repowering die Fördermöglichkeit nach § 30 EEG ermöglicht werden soll. Wie dies geschehen kann, ohne die Ausschlusswirkung an anderen Stellen im Gemeindegebiet zu gefährden, macht nunmehr § 249 BauGB deutlich. Allein die Positivausweisung von Standorten für die Windenergienutzung in einem Flächennutzungsplan oder Raumordnungsplan erzeugt jedoch für sich betrachtet keine Ausschlusswirkung für das restliche Plangebiet. Soll auch diese Steuerungswirkung erzeugt werden, muss dies durch Konzentrationsplanung mit Ausschlusswirkung erfolgen. Hat eine Gemeinde sich lediglich auf die Positivausweisung von Standorten beschränkt, kann sie nicht verhindern, dass die Errichtung und Nutzung von Windenergieanlagen auf anderen geeigneten Standorten auf der Basis der genehmigungsbehördlichen Einzelfallentscheidung nach dem gesetzlichen Regel-Ausnahme-System erfolgt. Dadurch können Steuerungsdefizite auftreten, weil diese einseitig die Windenergienutzung bevorzugende Planung zu einer Vernachlässigung der erforderlichen Nutzungspotenziale für sonstige Vorhaben und zur Vernachlässigung raumfunktionell und/oder raumstrukturell bedeutsamer raumübergreifender öffentlicher Belange führen kann.

17 So ausdrücklich BVerwG, Urteil vom 1.7.2010 – 4 C 4/08, NVwZ 2011, 61 ff.

IV. Wesentliche Eckpunkte der Rechtsprechung zur Steuerung der Windkraftnutzung auf der Basis des Planvorbehalts nach § 35 Abs. 3 S. 3 BauGB

Eine grundlegende Weichenstellung hat die Rechtsprechung schon bald nach der gesetzlichen Verankerung des Privilegierungstatbestands zugunsten der Windkraftnutzung mit den aus dem Planvorbehalt abgeleiteten Anforderungen an das Vorliegen eines räumlichen Gesamtkonzepts vorgenommen. Die Rechtsprechung drehte sich im Wesentlichen um die Auslegung des § 35 Abs. 3 S. 3 BauGB, also um Fragen, die dann auftreten, wenn die Gemeinden oder die Landes- und Regionalplanung von dem Planvorbehalt Gebrauch machen.

Da der Planvorbehalt dazu führt, dass für privilegierte Vorhaben im Sinne von § 35 Abs. 1 Nr. 2 bis 6 BauGB die Nutzungsmöglichkeiten in bestimmten Gebieten und auf bestimmten Flächen ausgeschlossen bzw. eingeschränkt werden, hat die Rechtsprechung zur Konkretisierung des gesetzlichen Ermächtigungsrahmens für die Planung an die planerische Steuerung durch einen Flächennutzungsplan und einen Regionalplan im Wesentlichen die gleichen Anforderungen gestellt. Diese Maßstäbe sind geprägt von dem Anliegen, durch normkonkretisierende Auslegung einerseits der Grundrechtsschutzfunktion und andererseits dem Erfordernis einer an der Nachhaltigkeit der Raumentwicklung ausgelegten städtebaulichen Planung sowie Landes- und Regionalplanung Rechnung zu tragen. Aus der Rechtsprechung zur Abwägungskontrolle von Plänen, die der Steuerung der Windkraftnutzung dienten, lassen sich im Wesentlichen folgende Grundanforderungen hinsichtlich der planerischen Steuerung der Windkraftnutzung ableiten:

- Die Steuerung der Windkraftnutzung muss auf einem planerischen Gesamtkonzept beruhen.[18]
- Das planerische Gesamtkonzept muss in sich schlüssig sein und sich auf den gesamten Außenbereich des Plangebiets erstrecken.[19]
- Die dadurch herbeigeführte Ausschlusswirkung muss nach richterrechtlich ausgeformten methodischen Prüfungsschritten ermittelt worden sein.[20]

18 BVerwG, Urteil vom 17.12.2002, S. 298; Urteil vom 13.3.2003 – 4 C 3.02, NVwZ 2003, 1261 und zuletzt ausdrücklich Beschluss vom 15.9.2009 – 4 BN 25/09, ZfBR 2010, 65 f.

19 So BVerwG, Urteil vom 17.12.2002 – BVerwG 4 C 15.01, BVerwGE 117, 287 (298).

20 BVerwG und OVG Rh.-Pf. vom 26.11.2003 – 8 A 10814/03, ZNER 2004, 82 f.

- Bei der Konzentrationsplanung müssen die öffentlichen Belange, die nach § 35 Abs. 3 S. 1 BauGB erheblich sind und die nicht zugleich als zwingende, im Wege der Ausnahme oder Befreiung nicht überwindbare Verbotstatbestände in anderen öffentlich-rechtlichen Vorschriften ihren Niederschlag gefunden haben, bei der Planung nach Maßgabe des § 1 Abs. 7 BauGB gegen das Interesse Bauwilliger abgewogen werden, den Außenbereich für die Errichtung eines privilegierten Vorhabens im Sinne von § 35 Abs. 1 Nr. 2 bis 6 BauGB in Anspruch zu nehmen.[21]
- Das Plankonzept muss in substantieller Hinsicht tatsächlich hinreichend Raum für die Windenergienutzung lassen.[22]
- Es muss dem Stand der Technik Rechnung getragen werden. Der Planungsträger muss das Interesse der Betreiber, ältere Anlagen durch effizientere neuere Anlagen zu ersetzen bzw. überhaupt Standorte für effizientere Anlagen zu finden, in seiner Abwägung berücksichtigen.[23]
- Überdies müssen die allgemeinen rechtsstaatlichen Anforderungen der Erforderlichkeit der Planung und des Abwägungsgebots eingehalten sein.[24]

Die Rechtsprechung ist von der an der Plankontrolle ausgerichteten Betrachtungsweise geprägt, bei der die Sicherstellung einer rechtsstaatskonformen planerischen Steuerung der Windkraftnutzung im Vordergrund steht. Dabei hat die Rechtsprechung aber nicht nur deutlich gemacht, welche Grenzen der Planung gesetzt sind, sondern auch, welche Abwägungs- und Beurteilungsspielräume der öffentlichen Planung in diesem Bereich andererseits zustehen.

Nach der ständigen Rechtsprechung werden durch die Ausweisung einer Konzentrationszone die Rechtsfolgen des § 35 Abs. 3 S. 3 BauGB – damit gemeint ist vor allem die Ausschlusswirkung – nur ausgelöst, wenn der Planung ein schlüssiges Gesamtkonzept zugrunde liegt, das sich auf den gesamten Außenbereich erstreckt. Das Planungskonzept muss sowohl eine schlüssige Begründung

21 Zu den Anforderungen an die Abwägung bei einer Konzentrationsflächenplanung BVerwG, Urteil vom 20.5.2010 – 4 C 7/09, UPR 2010, 391 ff.

22 So ausdrücklich BVerwG, Urteil vom 24.1.2008 – 4 CN 2.07, NVwZ 2008, 559 f. und BVerwG, Beschluss vom 15.9.2009, a.a.O.

23 Siehe BVerwG, Urteil vom 29.3.2010 – 4 BN 65/09, BauR 2010, 2074 ff., Rn. 9.

24 Siehe OVG Rh.-Pf., Urteil vom 28.2.2008 – 1 C 11131/07, BauR 2008, 1101 ff. und Urteil vom 16.9.2011 – 1 C 11114/09, DVBl. 2011, 1546 ff.

hinsichtlich der Positivausweisung der Konzentrationszone als auch hinsichtlich der Ausschlusswirkung hinsichtlich des übrigen Planungsraums enthalten.[25]

In methodischer Hinsicht hat das BVerwG mit Bezugnahme auf das Urteil des OVG Rheinland-Pfalz vom 26.11.2003[26] verdeutlicht, wie die Ausarbeitung des Planungskonzepts abschnittsweise vorzunehmen ist. Im ersten Abschnitt seien diejenigen Bereiche als „Tabuzonen“ zu ermitteln, die sich für die Nutzung der Windenergie nicht eignen. Die Tabuzonen ließen sich in zwei Kategorien einteilen, nämlich in Zonen, in denen die Errichtung und der Betrieb von Windenergieanlagen aus tatsächlich und/oder rechtlichen Gründen schlechthin ausgeschlossen seien („harte“ Tabuzonen) und in Zonen, in denen die Errichtung und der Betrieb von Windenergieanlagen zwar tatsächlich und rechtlich möglich sind, in denen nach den Vorstellungen des Planungsträgers aufgrund dessen räumlicher Entwicklungsvorstellungen wegen anderer räumlicher Nutzungskonkurrenzen oder öffentlicher Belange keine Windenergieanlagen aufgestellt werden sollten. Die Potentialflächen ergäben sich aus der Reduzierung der dem Planungsraum zugeordneten Gesamtflächen um die harten und weichen Tabuzonen. Um sicherzustellen, dass der Windenergie im Abwägungsergebnis in substantieller Weise Raum gegeben wird, seien die Potentialflächen in einem weiteren Arbeitsschritt zu den die Ausschlusswirkung tragenden öffentlichen Belangen in Beziehung zu setzen und daraufhin zu überprüfen, ob der Windenergienutzung insgesamt in substantieller Hinsicht angemessen Rechnung getragen worden sei.

Diese methodischen Anforderungen gelten sowohl für die Flächennutzungsplanung als auch die Raumordnungspläne, soweit sie eine Steuerung der Windkraftnutzung zum Gegenstand haben.[27]

Im Hinblick auf das Abwägungsergebnis verlangt diese Rechtsprechung für den letzten Schritt eine Art Gesamtbilanzierung unter dem Aspekt der Angemessenheit in substanzieller Hinsicht. Dies hat das BVerwG dadurch unterstrichen, dass es betont hat, dass der Planungsträger gehalten sei, sofern er bei der Überprüfung seines Konzepts erkannt habe, dass der Windenergienutzung nicht in substantieller Weise Raum gegeben worden ist, sein Planungskonzept nochmals überprüfen und gegebenenfalls ändern müsse.[28]

25 BVerwG, Urteil vom 17.12.2002, S. 298; Urteil vom 13.3.2003 – 4 C 3.02, NVwZ 2003, 1261 und zuletzt ausdrücklich Beschluss vom 15.9.2009 – 4 BN 25/09, ZfBR 2010, 65 f.

26 OVG Rh.-Pf., Urteil vom 26.11.2003 – 8 A 10814/03, ZNER 2004, 82 f.

27 Dazu OVG Rh.-Pf., Urteil vom 2.10.2007 – 8 C 11412/06, ZNER 2007, Nr. 4, 425 ff.

28 So ausdrücklich BVerwG, Urteil vom 24.1.2008 – 4 CN 2.07, NVwZ 2008, 559 f. und BVerwG, Beschluss vom 15.9.2009, a.a.O.

Den naturschutzfachlichen Belangen und dem Aspekt der Umweltvorsorge, dem sowohl die Gemeinden als auch die Träger der Raumordnungsplanung im Rahmen ihrer Planung selbstständig Rechnung tragen müssen, kommt dabei nach der Rechtsprechung eine bedeutsame Rolle zu; diese Aspekte bestimmen maßgebend die planerischen Beurteilungs- und Entscheidungsspielräume.

Den planerischen Gestaltungsspielraum hat das OVG Rheinland-Pfalz in dem Normenkontrollverfahren bezüglich des Raumordnungsplans Westpfalz 2004 wie folgt umschrieben:[29] Bedenken, FFH- und Landschaftsschutzgebiete aus fachlichen Gründen in ihrem vollen räumlichen Umfang von der Windenergienutzung auszunehmen, bestünden nicht. Im Unterschied zu der an der bauplanungsrechtlichen Zulässigkeitsbeurteilung von Vorhaben ausgerichteten Frage, ob Belange des Landschaftsschutzes der Errichtung von Windenergieanlagen nach § 35 Abs. 1, 3 S. 1 BauGB entgegenstünden, dürften bei Wahrnehmung des Planvorbehalts durch Vornahme einer raumordnerischen Konzentrationsplanung auch Erwägungen vorsorgender Konfliktvermeidung zum Tragen gebracht werden. Dies lasse es auch gerechtfertigt erscheinen, FFH-Gebiete typisierend für die Windenergienutzung auszuschließen. Auch dass nach dem Planungskonzept grundsätzlich Vorranggebiete für Wald/Forstwirtschaft, Rohstoffsicherung und Wasserwirtschaft (Schwerpunkt Grundwasserschutz) der Windenergienutzung vorgehen sollten, hat das OVG mit der Begründung gebilligt, dass dies nachvollziehbar einem Vorsorgeaspekt Rechnung trage. Viele dieser Vorrangflächen seien zudem durch andere Flächenfestsetzungen des Raumordnungsplans, wie Vorbehaltsgebiet Erholung/Fremdenverkehr und regionale Grünzüge überlagert, gegen deren generellen Ausschluss für die Windenergienutzung ebenfalls keine Bedenken bestünden. Schließlich könne auch die im Raumordnungsplan vorgenommene Staffelung von Abstandsflächen der Abwägungskontrolle standhalten, weil es zulässig sei, dass der Plan möglichst von vorneherein einen Konflikt zwischen unterschiedlichen Nutzungen erst gar nicht zur Entstehung gelangen lassen möchte. Von daher erweise es sich auch als unbedenklich, wenn sich die Abstandstiefe nicht allein an dem von Windenergieanlagen ausgehenden Lärm ausrichte, sondern ebenso die von ihnen ausgehenden optischen Wirkungen berücksichtige, die sich in Konzentrationszonen zudem verstärken könnten.

Die Rechtsprechung hat damit dem Umstand Rechnung getragen, dass die Wahrnehmung der planerischen Gestaltungsspielräume im Rahmen des Planvorbehalts auch die Befugnis voraussetzt, dass der Planungsträger Umweltvor-

29 OVG Rh.-Pf., Urteil vom 2.10.2007 – 8 C 11412/06, ZNER 2007, Nr. 4, 425 ff. Rn. 45-47; vgl. dazu auch OVG Berlin-Brandenburg, Urteil vom 24.2.2011 – OVG 2A 2.09, NUR 2011, 794 ff.

sorge durch nachhaltige überörtliche Raumentwicklung betreiben kann.[30] Dies ist eine wesentliche Komponente der an Nachhaltigkeit ausgerichteten Raumordnung. Auch der Aspekt der vorbeugenden Konfliktvermeidung ist ein bedeutsames Element staatlicher Planung, die eine Steuerung der Windkraftnutzung durch Staffelung von Abstandsflächen rechtfertigt. Der Unterschied wird deutlich, wenn man sich die Berechnung der Abstandsflächen vor Augen führt, die im Rahmen der bauordnungsrechtlichen Beurteilung eines Antrags zur Genehmigung der Errichtung einer einzelnen Windkraftanlage maßgebend wäre. Denn ausgehend von dem Zweck des Bauordnungsrechts sind bei der Bemessung des bauordnungsrechtlich gebotenen Abstandes einer baulichen Anlage in räumlich eingegrenzter Hinsicht und objektbezogen der Nachbarschutz und die Gefahrenabwehr von Bedeutung, soweit nach den Landesbauordnungen vor baulichen Anlagen Abstandsflächen einzuhalten sind. Dies führt unter bauordnungsrechtlichen Gesichtspunkten zu relativ geringfügigen Abständen, die an der Zumutbarkeitsschwelle ausgerichtet sind. Nach der Rechtsprechung des OVG Rheinland-Pfalz[31] wird bei der Berechnung der bauordnungsrechtlichen Abstandsflächen die Formel H = Masthöhe + (0,4637 x Rotorradius) zugrunde gelegt, wobei nach dieser Rechtsprechung mit der zweiten Komponente die Wirkung des sich drehenden Rotors oberhalb der Nabenhöhe erfasst werden soll. Diesbezüglich gibt es jedoch keine einheitliche Rechtsprechung der Oberverwaltungsgerichte der Länder.

Bei der Planung einer Konzentrationszone muss der Beurteilungsspielraum des Planungsträgers jedoch schon deshalb größer sein, weil mit der Konzentration andere Wirkungen ausgelöst werden und weil die Aspekte der Umweltvorsorge und der Konfliktvermeidung auch einen größeren Gestaltungsspielraum bei der Beurteilung von Abständen erfordern.[32] Größer ist der Gestaltungsspielraum der Regionalplanung im Vergleich mit der Flächennutzungsplanung überdies deshalb, weil der gebietsbezogene Maßstab eine grobrastrige Beurteilung ermöglicht und weil keine flächen- oder gar parzellenscharfe Untersuchung durchgeführt werden muss, sondern eine raumstrukturelle und raumfunktionelle planerische Betrachtung vorgenommen wird.

30 Vgl. dazu auch BVerwG, Urteil vom 17.12.2002 – 4 C 15/01, ZfBR 2003, 370 ff.

31 Siehe OVG Rh.-Pf., Urteil vom 12.5.2011 – 1 A 11186/08, NVwZ-RR 2011, 759 ff., Rn. 78.

32 Vgl. zu den Fehlern bei der Umsetzung OVG Berlin-Brandenburg, Urteil vom 24.2.2011 – OVG 2A 2.09, NUR 2011, 794 ff. Rn. 77: parallele Strichziehung auf der Karte führt in den Schnittbereichen zu größeren Abständen.

Um von den von der Rechtsprechung[33] aufgezeigten planerischen Spielräumen Gebrauch machen zu können, müssen andererseits aber, unabhängig davon, ob auf kommunaler oder auf regionaler Ebene gesteuert wird, die aus dem Abwägungsgebot abzuleitenden Anforderungen erfüllt sein. Die Rechtsprechung hat diesbezüglich in Bezug auf eine Konzentrationsplanung folgende Schlussfolgerungen gezogen: Es gehe darum, im Wege der Prognose künftige Nutzungsanforderungen zu erkennen und darauf angemessen zu reagieren. Da es sich somit um eine Prognoseentscheidung handele, beurteile sich deren Rechtmäßigkeit und damit auch die Frage nach dem Umfang der erforderlichen Ermittlungen danach, ob im Zeitpunkt der Prognose aufgrund vollständiger und zutreffender Tatsachen sowie aufgrund korrekter Methoden der Vorausschau entschieden worden sei. Daraus ist für die Steuerung der Windkraftnutzung zu schließen, dass bei der Prognoseentscheidung bezüglich der Feststellung der Nutzungspotenziale eine Eignung unter dem Aspekt der Windhöffigkeit, der Einspeisungsmöglichkeiten, also des Netzanschlusses gegeben sein muss und dass die Konzentrationsplanung realisierungsfähig sein muss. Es dürfen dieser keine dauerhaften Hindernisse entgegenstehen, wie z. B. das Vorhandensein streng geschützter Arten, die die Inanspruchnahme der Flächen für die Errichtung einer Windenergieanlage ausschließen. Dies führt zur Nichtvollziehbarkeit der Konzentrationsplanung, die die Basis für die Ausschlusswirkung an anderer Stelle bildet, und damit zur fehlenden Erforderlichkeit dieser Konzentrationsplanung im Sinne von § 1 Abs. 3 BauGB sowie zu einem auf das Abwägungsergebnis durchschlagenden Verstoß gegen das Abwägungsgebot des § 1 Abs. 7 BauGB.

V. Veränderte landespolitische Vorzeichen und deren Problematik

Aufgrund landespolitischer Vorgaben hat das Saarland bereits eine Umsteuerung zur Förderung der Windenergienutzung in der Weise angebahnt, dass es aufgrund der Verordnung über die 1. Änderung des Landesentwicklungsplans, Teilabschnitt „Umwelt (Vorsorge für Flächennutzung, Umweltschutz und Infrastruktur)“ vom 27.9.2011 die Ausschlusswirkung der bisherigen Ausweisung von Vorranggebieten aufgehoben hat. Gemäß § 3 dieser Verordnung wurde

33 Siehe OVG Rh.-Pf., Urteil vom 28.2.2008 – 1 C 11131/07, BauR 2008, 1101 ff. und Urteil vom 16.9.2011 – 1 C 11114/09, DVBl. 2011, 1546 ff.

folgende Festlegung getroffen: „Die Textziffer 65: ‚Außerhalb von Vorranggebieten für Windenergie (VE) ist die Errichtung von Windkraftanlagen ausgeschlossen' wird aufgehoben." In die Begründung dieser Verordnung wurde ein Umweltbericht aufgenommen. Danach seien erhebliche Umweltauswirkungen bei Durchführung der Änderung des Landesentwicklungsplans nicht zu erwarten, weil mit der Streichung der Ausschlusswirkung – im Zusammenhang mit der Festlegung von Flächen für die Nutzung der Windenergie – kein direkter Eingriff in die Belange des Umweltschutzes initiiert werde. Sofern auf kommunaler Planungsebene allerdings eine erneute Flächenausweisung zur Nutzung der Windenergie angestrengt werde, sei die Beschreibung und Bewertung der Umweltauswirkungen allgemein im Rahmen der Bauleitplanung, im Rahmen des Umweltberichtes darzustellen und zu bewältigen. Erfolge keine Steuerung auf kommunaler Ebene über den Flächennutzungsplan, greife die Beurteilung nach § 35 BauGB. Dies werde zu einer Zunahme von Windkraftanlagen führen und somit dem Ziel der 1. Änderung entsprechen. Durch diese Zunahme sei mit einer Veränderung des Landschaftsbildes zu rechnen. Weise das Landschaftsbild eine hohe, schützenswerte Qualität auf, werde dies im Genehmigungsverfahren entsprechend zu berücksichtigen sein. Landesplanerisch gesicherte Schutzansprüche anderer Funktionen, wie z. B. Vorranggebiete für Naturschutz und Freiraumschutz, seien weiterhin für eine Nutzung für Windkraftanlagen ausgeschlossen. Sekundäre Beeinträchtigungen von Umweltbelangen würden durch die einschlägigen Umweltprüfverfahren im Genehmigungsverfahren und/oder auf den nachfolgenden Planungsebenen aufgefangen bzw. würden Bestandteil der Abwägung und eine dementsprechende Berücksichtigung erfahren.

Diese Bewertung der Umweltauswirkungen ist meiner Ansicht nach fehlerhaft. Nach ihrer Begründung geht die saarländische Landesregierung davon aus, dass durch die Aufhebung der Ausschlusswirkung der ursprünglichen landesplanerischen Konzentrationsplanung selbst keine Beeinträchtigung von Umweltschutzgütern ausgelöst werden könne. Diese Einschätzung ist von der Vorstellung geprägt, dass es sich bei der Raumordnungsplanung um eine vorgelagerte Planungsentscheidung handelt, die durch die nächste Ebene konkretisiert wird. Verkannt wird dabei jedoch, dass auf der Ebene der Raumordnungsplanung bei der Steuerung der Windenergie Umweltvorsorgeaspekte im Zusammenhang mit der Aufgabe der Entwicklung, Sicherung und Ordnung im überörtlichen räumlichen Kontext eine maßgebende Rolle gespielt haben. Dabei wird übersehen, dass durch den Wegfall der planerischen Ausschlusswirkung die Aspekte der Umweltvorsorge und Konfliktvermeidung zum Nachteil der bei der Konzentrationsplanung berücksichtigten Umweltschutzgüter auf der Strecke bleiben. Diese Aspekte haben nicht nur in der Ausweisung von Vorranggebieten für Naturschutz und Freiraumschutz ihren Niederschlag gefunden, sondern haben auch bei der Bestimmung der räumlichen Tragweite der Ausschlusswirkung eine ausschlaggebende Bedeutung gehabt. Dazu kommt, dass gesamträumliche Anforderungen einer in ökologischer Hinsicht nachhaltigen Raumentwicklung bei der Umweltprüfung nicht berücksichtigt worden sind. Denn nicht geprüft wurde, welche Auswirkungen die Aufhebung der Ausschlusswirkung im Hinblick auf den bundesgesetzlichen Grundsatz gemäß § 2 Abs. 2 Nr. 2 S. 4 ROG hat, wonach als Konkretisierung des Nachhaltigkeitspostulats „ein großräumig übergreifendes, ökologisch wirksames Freiraumverbundsystems zu schaffen" ist. Nicht geprüft wurde auch im Rahmen der Umweltprüfung, welche Auswirkungen die Aufhebung der Ausschlusswirkung der Vorranggebiete für den Natur- und den Regionalpark des Saarlandes hat; dies ist nicht unerheblich, da das Saarland nur wenige Gebiete aufweist, die nicht entweder zu dem Naturpark oder dem Regionalpark gehören. Darüber hinaus ist es durchaus möglich, dass die im Interesse der Biodiversität anzustrebende Erhaltung und Pflege von Lebensraumkorridoren und -netzwerken, die unter Umweltschutzaspekten über die unter naturschutzrechtlichem Gebietsschutz stehenden Räume hinaus von Bedeutung sein können, durch die Aufhebung der Ausschlusswirkung der landesplanerischen Konzentrationsplanung im Saarland vereitelt wird. Abgesehen davon trägt die Entscheidung dem Umstand nicht Rechnung, dass eine Agglomeration von Einzelvorhaben mit ihren über das Einzelvorhaben hinausgehenden Folgewirkungen auf der Basis des auf den Einzelfall zugeschnittenen Beurteilungsschemas des § 35 BauGB ohne Konzentrationsplanung nicht sachgerecht gesteuert werden kann. Diese Problematik verschärft sich, wenn die Kommunen – aus welchen Gründen auch immer – ebenfalls nicht planen.

Bei der im Zusammenhang mit dem Erlass der Landesverordnung durchgeführten Umweltprüfung sind diese Aspekte offensichtlich nicht berücksichtigt worden. Übersehen wurde offenbar auch, dass die Gemeinden auf der Basis der Bauleitplanung nicht die gleiche Steuerungswirkung erzeugen können wie die Landesplanung. Die Gemeinden können diesen Belang zwar – soweit dort die notwendigen Informationen vorliegen – im Rahmen der Abwägung anführen, nicht aber zum Anlass für eine Konzentrationsplanung zur Wahrnehmung ihrer städtebaulichen Aufgabe nehmen. So werden die saarländischen Gemeinden ihre Konzentrationsplanung nicht mit der Erhaltung des Umweltschutzstandards des Naturparks und der ökologischen Schutzfunktionen des Regionalparks begründen können und auch nicht mit der Erhaltung von Lebensraumkorridoren bzw. -netzwerken.

In Rheinland-Pfalz ist auf landespolitischer Seite angekündigt worden, es solle von den Befreiungsmöglichkeiten in den umweltfachlichen Schutzverordnung zugunsten der Windkraftnutzung generell Gebrauch gemacht und in absehbarer Zeit generell eine Reduzierung des Schutzumfangs vorgenommen werden. Außerdem wurde bei der Genehmigung von Raumordnungsplänen auf die zuständigen Planungsträger eingewirkt, die Ausschlusswirkung generell zu reduzieren; zum Teil sogar mit der Anforderung, durch Ausnahmeregelung in den Festsetzungen die Windenergienutzung in besonders windhöffigen Gebieten generell zuzulassen. Die Landesplanung soll sich nach den landespolitischen Vorgaben darauf beschränken, die harten Tabukriterien festzulegen.

Ähnliche Schritte wie im Saarland und in Rheinland-Pfalz, die dazu führen, dass die Landes- und Regionalplanung weitgehend auf eine Steuerung der Windenergienutzung verzichten, sind auf landespolitischer Ebene auch in Baden-Württemberg angekündigt worden.

Im Hinblick auf die aktuelle Diskussion um den Verzicht auf eine landesplanerische Steuerung der Windkraftnutzung oder eine Einschränkung der regionalplanerischen Steuerungsbefugnis sind die beiden folgenden, aus der bisherigen Rechtsprechung abzuleitenden Feststellungen von Bedeutung:

- Ausgehend von der beschriebenen Regelungssystematik des § 35 BauGB hat das BVerwG[34] in Bezug auf die Frage, wie der Belang der Förderung der Windenergienutzung zu gewichten ist, deutlich gemacht, dass dieser Belang im Rahmen der Abwägung nicht in der Weise zu verabsolutieren ist, dass die Eignung einer Fläche für Zwecke der Windenergienutzung für sich betrachtet bei der Standortwahl zwangsläufig den Ausschlag gibt. Sofern die Landesplanung keine Bedarfsprognosen oder sonstige rechtliche Vorgaben enthalte, sei die Planung an den allgemeinen Anforderungen zu orientieren, die sich aus dem Abwägungsgebot herleiten lassen. Dem Belang der Förderung der Windenergienutzung sei nur insoweit der Vorrang einzuräumen, als ihm keine gegenteiligen Belange gegenüberstünden, die als gewichtiger einzustufen seien. Auch Standorte, die im Vergleich mit der Wahllösung besser geeignet erschienen, dürften unberücksichtigt bleiben, wenn das Gewicht der entgegenstehenden Belange das an dieser Stelle rechtfertige. Dies heißt zwar,

34 BVerwG, Urteil vom 17.12.2002, UPR 2003, 188.

dass sich auch bei Anwendung der am Einzelfall orientierten bauplanungsrechtlichen Zulassungssystematik des § 35 BauGB die Windkraft nicht generell durchsetzen können wird. Jedoch kommen bestimmte Belange, die nur aufgrund des Planvorbehalts konkretisiert und mit ihrem auf den gemeindegebietsübergreifenden raumfunktionellen Gewicht zu einem entgegenstehenden öffentlichen Belang zusammengefasst werden können, wie raumübergreifende räumliche Schutzfunktionen, künftig zu kurz. In Rheinland-Pfalz kann dies – je nachdem wie die landesplanerische Steuerung in Zukunft ausgestaltet sein wird – dazu führen, dass besondere raumstrukturell bedeutsame Schutzgüter wie der Pfälzer Wald in der Planungsregion Westpfalz in seiner Eigenschaft als größter zusammenhängender Wald Westeuropas mit einer Reihe sich überlagernder naturschutzfachlicher Schutzfunktionen, von Erholungs- und Tourismusfunktionen der „Jagd nach Windenergiestandorten" geopfert wird. Eine ähnliche Problematik tritt auf, soweit raumübergreifende Vogelschutzkorridore, wie z. B. in der Planungsregion Rheinhessen-Nahe, im Fall eines etwaigen Rückzugs der Landes- und Regionalplanung – nicht nachhaltig – der Zerschneidung durch Windenergiestandorte preisgegeben werden.

– Durch städtebauliche Planung kann das dadurch entstehende Steuerungsdefizit nicht kompensiert werden. Die jeweiligen Planungsträger können sich nämlich für die jeweilige Planung nur auf solche Ausschlussgründe stützen, die sie ihm Rahmen ihrer Planung zu berücksichtigen haben. Das heißt, dass eine Gemeinde den Ausschluss der Windkraftnutzung nicht auf raumfunktionelle oder -strukturelle Gründe, wie den Schutz des gemeindegebietsüberschreitenden, regionsübergreifenden Pfälzer Waldes, stützen kann, wenn diese in der einschlägigen Raumordnungsplanung keinen Niederschlag gefunden haben. Die Erhaltung des Waldes an sich kann zwar beim Vorhandensein eines Gemeindewaldes auch ein städtebaulicher Belang sein, den eine Gemeinde zum Planungsanlass nehmen kann, nicht aber die Erhaltung und der Schutz eines regionalbedeutsamen Waldes wie der Pfälzer Wald, an den die betreffende Gemeinde vielleicht nur angrenzt. Ebenso wenig wie eine Gemeinde im Gewand der Bauleitplanung Naturschutzfachplanung betreiben und anstelle der zuständigen Naturschutzbehörden naturschutzfachliche Anforderungen zur Rechtfertigung einer Ausschlusskonzeption heranziehen kann,[35] wenn diese keine naturschutzfachliche Abstützung finden, kann sie

35 Siehe BVerwG, Urteil vom 30.1.2003 – 4 CN 14/01, UPR 2003, 304 ff.

anstelle des regionalen Planungsträgers Raumordnungsplanung betreiben.[36] Der Verzicht bzw. Teilverzicht auf eine raumordnungsplanerische Steuerung kann folglich nicht von den Gemeinden durch städtebauliche Planung kompensiert werden.

VI. „Offene Flanken" der landespolitischen Umsteuerung

Wenn nunmehr, wie in neuerer Zeit zu beobachten, hier und da landespolitisch im Bereich der Raumordnung von einer Steuerung abgesehen wird und auf die Träger der Regionalplanung dahingehend eingewirkt wird, dass sie teilräumlich von einer Steuerung absehen oder zumindest von ihrer Befugnis zur Planung zurückhaltend Gebrauch machen sollen, so stellt sich in dem einen Fall die Frage, ob und inwieweit dies mit der aufgrund des Gesetzes zugewiesenen Steuerungsaufgabe und im anderen Fall, ob und inwieweit dies mit der Planungshoheit des regionalen Planungsträgers vereinbar ist.

Es ist zweifelhaft, ob der politisch motivierte Rückzug aus der landes- und regionalplanerischen Steuerung der Windenergienutzung mit der Pflicht zur Wahrnehmung der staatlichen Raumordnungsaufgabe durch die Aufstellung von Raumordnungsplänen für das Landesgebiet vereinbar ist.

So wie für die Bauleitplanung gemäß § 1 Abs. 3 BauGB die Erforderlichkeit ein einfach-gesetzlich geregelter, aus dem rechtsstaatlichen Verhältnismäßigkeitsprinzip resultierender Maßstab zur Begrenzung der gemeindlichen Planungsbefugnis ist, ist die Erforderlichkeit auch für die Raumordnungsplanung wie bei jeglicher staatlicher Planung ein mit der Aufgabenverantwortung zusammenhängender rechtsstaatlicher Kontrollmaßstab. Dieser hat im ROG einerseits seinen allgemeinen materiell-inhaltlichen Niederschlag in der Aufgabenbeschreibung des § 1 Abs. 1 ROG und in den bei der Aufgabenwahrnehmung zu berücksichtigenden Grundsätzen des § 2 ROG und andererseits in den für die Raumordnungsplanung in den Ländern geltenden Maßstäben der §§ 7, 8 ROG gefunden. Gemäß § 1 Abs. 1 ROG wirken die Träger der Raumordnungsplanung bei der Aufgabe, den Gesamtraum der Bundesrepublik Deutschland und seine Teilräume durch zusammenfassende, überörtliche und fachübergreifende Raumordnungspläne zu entwickeln, zu ordnen und zu sichern, zusammen,

36 Zum Verhältnis von städtebaulicher und regionalplanerischer Steuerung der Windkraftnutzung vgl. OVG Berlin/Brandenburg, Urteil vom 24.2.2011 – OVG 2A 2.09, NUR 2011, 794 ff.

wobei sich die Entwicklung, Ordnung und Sicherung der Teilräume nach § 1 Abs. 3 ROG in die Gegebenheiten und Erfordernisse des Gesamtraums einfügen sollen. Konkretisierend heißt es in § 7 Abs. 1 ROG, dass in Raumordnungsplänen für einen bestimmten Planungsraum und einen regelmäßig mittelfristigen Zeitraum Festlegungen als Ziele und Grundsätze der Raumordnung zur Entwicklung, Ordnung und Sicherung des Raums, insbesondere zu den Nutzungen und Funktionen des Raums, zu treffen sind.

Die Landesplanung wird ihrer Aufgabenverantwortung nicht gerecht, soweit sie durch den Rückzug bei der Steuerung der Windkraftnutzung hinnimmt, dass Fakten geschaffen werden, durch die es zu raumstrukturellen Verwerfungen kommt, die nur durch gebietsbezogene raumstrukturelle und raumfunktionelle Festlegungen zu vermeiden sind. Solche Fehlentwicklungen können eintreten, soweit der Aspekt der Umweltvorsorge und der Nachhaltigkeit dem kurzfristigen Projekterfolg bei der Installierung von Windenergieanlagen geopfert wird. Dies ist insbesondere der Fall, soweit dadurch der zum Schutz wertvoller Umweltschutzgüter geschaffene naturschutzfachliche Gebietsschutz und der an der Nachhaltigkeit der Raumentwicklung ausgelegte Schutz von regionalen Grünzügen und Regionalparken demontiert wird. Dabei gibt es zwar im Zusammenhang mit der Fortschreibung von Landesentwicklungsplänen und Regionalplänen systemimmanenten Korrekturbedarf. Denn dabei wird man der mit der Energiewende verbundenen Bedeutung des Ausbaus Erneuerbarer Energie Rechnung tragen müssen. Es wäre jedoch ein vor dem Hintergrund der oben skizzierten Aufgabenverantwortung der Landes- und Regionalplanung bedenklicher Weg, wenn dabei andere hochwertige Rechtsgüter durch Verzicht oder Teilverzicht auf die Aufgabenwahrnehmung vernachlässigt würden. Zweifelhaft ist überdies, ob sich auf dem landespolitisch eingeschlagenen Weg die Voraussetzungen für die Realisierung eines nachhaltigen Energiekonzepts schaffen lassen.

Trotz dieser Bilanz muss allerdings unter planungsrechtlichen Gesichtspunkten konzediert werden, dass kaum zu erwarten ist, dass der Maßstab der Erforderlichkeit zu einer richterlichen Korrektur dieser problematischen landesplanerischen Entscheidungen führen wird. Denn das BVerwG[37] hat einen Verstoß gegen die aus § 1 Abs. 3 BauGB unter dem Aspekt der Erforderlichkeit abzuleitende Planungspflicht nur unter sehr engen Voraussetzungen bejaht. Zwar ver-

37 BVerwG, Urteil vom 17.9.2003 – 4 C 14/11, UPR 2004, 137 ff.

binde die Erforderlichkeit im Sinne von § 1 Abs. 3 BauGB das Verbot nicht erforderlicher Planungen mit dem Gebot erforderlicher Planungen, jedoch kommt eine Verdichtung des Planungsermessens zur Planungspflicht nur unter besonderen Umständen in Betracht. Für den Bereich der städtebaulichen Planung hat das BVerwG die Voraussetzungen für eine Reduzierung des Planungsermessens auf Null bzw. der Verdichtung des Planungsermessens zu einer Planungspflicht wie folgt umrissen: „Ein qualifizierter (gesteigerter) Planungsbedarf besteht, wenn die Genehmigungspraxis auf der Grundlage von § 34 Abs. 1 und 2 BauGB städtebauliche Konflikte auslöst oder auszulösen droht, die eine Gesamtkoordination der widerstreitenden öffentlichen und privaten Belange in einem förmlichen Planungsverfahren dringend erfordern".

Im Bereich der Raumordnungsplanung ist aus den oben genannten Gründen eine derartige Verdichtung des Planungsermessens zu einer Planungspflicht auch denkbar, jedoch lässt das BVerwG das bloße Vorliegen der Erwartung von gravierenden Fehlentwicklungen nicht ausreichen. Vielmehr muss es dafür konkrete Anhaltspunkte geben, die das BVerwG in dem oben genannten Einzelfall in dem Vorhandensein feststellbarer, bereits vorhandener Fehlentwicklungen und bevorstehender gravierender Verschlechterungen vorgefunden hat.

Angreifbar sind also eher solche Fehler der Umsteuerung, die wie – meiner Ansicht nach im Beispiel der saarländischen Landesverordnung – bei der Aufhebung der Ausschlusswirkung der raumordnungsplanerischen Steuerung hinsichtlich der Umweltprüfung gemacht worden sind, soweit sich diese, was in diesem Fall zu bejahen sein dürfte, auch auf das Abwägungsergebnis ausgewirkt haben können (arge § 12 Abs. 3 ROG).

Grenzen der landesplanerischen Einwirkung können – mit Blick auf die Planungsdiskussion im Zusammenhang mit laufenden Planungsverfahren – auch dadurch überschritten worden sein bzw. überschritten werden, dass die Genehmigung einer an der Nachhaltigkeit der Raumentwicklung ausgerichteten Regionalplanung ohne das Vorliegen ausreichender Versagungsgründe abgelehnt wird oder dass im Rahmen des Planungsverfahrens inhaltlich auf die Regionalplanung sachwidrig eingewirkt wird, wenn es dadurch zu Abwägungsfehlern kommt, die auf das Planungsergebnis durchschlagen. Dabei ist in Rheinland-Pfalz von Bedeutung, dass die Aufstellung und Änderung des regionalen Raumordnungsplans und von fachlich oder räumlich begrenzten Teilplänen den Trägern der Regionalplanung gemäß § 14 Abs. 3 LPlG als Pflichtaufgabe der kommunalen Selbstverwaltung zugeordnet ist.

VII. Änderungen aufgrund des Gesetzes zur Förderung des Klimaschutzes bei der Entwicklung in den Städten und Gemeinden vom 22.7.2011

Bei der Entscheidung über die Steuerung der Windenergienutzung auf der Ebene der Landes- und Regionalplanung sollten die Handreichungen berücksichtigt werden, die der Bund den Kommunen im Bereich des Städtebaurechts für die Steuerung der Windenergienutzung gegeben hat. Dies kann auch die Grundlage für eine Neuakzentuierung der Windenergienutzung sein, die im Einklang mit dem geltenden raumplanungsrechtlichen Steuerungssystem steht.

Aufgrund des Gesetzes zur Förderung des Klimaschutzes bei der Entwicklung in den Städten und Gemeinden ist § 249 BauGB eingefügt worden, der eine Sonderregelung zur Windenergie in der Bauleitplanung enthält. Diese Sonderregelung stellt zunächst klar, dass wenn in einem Flächennutzungsplan zusätzliche Flächen für die Nutzung von Windenergie dargestellt werden, daraus nicht geschlossen werden kann, dass die vorhandenen Darstellungen substantiell im Sinne der Rechtsprechung zu § 35 Abs. 3 BauGB nicht ausreichend gewesen seien. Dies gilt auch, soweit Änderungen zum Maß der baulichen Nutzung vorgenommen werden. Außerdem sieht § 249 Abs. 2 BauGB vor, dass nach § 9 Abs. 2 S. 1 Nr. 2 BauGB auch festgesetzt werden kann, dass die im Bebauungsplan festgesetzten Windenergieanlagen nur zulässig sind, wenn sichergestellt ist, dass nach der Errichtung der im Bebauungsplan festgesetzten Windenergieanlagen andere im Bebauungsplan bezeichnete Windenergieanlagen innerhalb einer im Bebauungsplan zu bestimmenden angemessenen Frist zurückgebaut werden. Diesbezüglich wird weiter klargestellt, dass sich die Standorte der zurückzubauenden Windenergieanlagen auch außerhalb des Bebauungsplangebiets oder außerhalb des Gemeindegebiets liegen können. § 249 BauGB zieht zum einen eine Schlussfolgerung aus dem in § 30 EEG geregelten Tatbestand zur Förderung des Repowerings, mit dem mehrere Vorteile verbunden sein können (die Errichtung größerer und leistungsfähiger Anlagen und der Austausch älterer Anlagen, die teilweise auf ungeeigneten Standorten realisiert worden sind). Andererseits soll damit aber auch der Bau neuerer und leistungsfähiger Anlagen der Windenergienutzung nicht ausgeschlossen, sondern im Gegenteil gefördert werden. Deshalb ist vorgesehen, dass auch ergänzend zu den bereits vorhandenen neue Windenergieanlagen auf zusätzlichen Standorten geplant werden können, ohne dass damit der bisherige Planungsbestand infrage gezogen wird. Ohne eine Konzentrationsplanung kann jedoch der Zweck des „Repowerings", einen Beitrag zur Entspargelung der Landschaft zu leisten, nicht erreicht werden.

VIII. Schlussfolgerungen mit Blick auf eine nachhaltige Weiterentwicklung der Raumordnungspläne zur Steuerung der Windenergienutzung auf der Ebene der Landesplanung

Bundesgesetzlich wurde der Weg zu einer schonenden Weiterentwicklung des Ausbaus der Erneuerbaren Energie im Bereich der Windenergienutzung durch entsprechende Weichenstellungen innerhalb des bestehenden Planungssystems aufgezeigt. Für die Raumordnungsplanung ist damit in entsprechender Weise vorgezeichnet, wie die gebietsbezogene Steuerung unter Berücksichtigung des Repowerings und zur Ermöglichung der Errichtung und des Betriebs der neuen leistungsfähigen Anlagen der Windenergienutzung erfolgen kann. Danach kann zum einen von der bisherigen Ausweisungskulisse ausgegangen werden. Diese kann um Standorte für weitere, auch neue, leistungsfähige Anlagen ergänzt werden. Dabei ist bei der Gesamtabwägung von Bedeutung, dass dem zunehmenden Gewicht des Klimaschutzes und der Förderung des Einsatzes Erneuerbarer Energie im Rahmen der Abwägung Rechnung getragen wird. Ausgehend von der bundesgesetzlichen Regelung des § 249 BauGB sollten die einzelnen Ausschlussgründe, die schon bisher nach der Rechtsprechung zur Rechtfertigung der Ausschlusswirkung einer Konzentrationsplanung vorgelegen haben mussten, überprüft und erneut mit den öffentlichen Belangen des Klimaschutzes und der Förderung des Einsatzes der Erneuerbaren Energie in Beziehung gesetzt werden. Dabei gibt es durchaus Flächenpotenziale, die bisher für andere räumliche Siedlungs- und Infrastrukturentwicklungen, für andere Freiraumnutzungen und aus Umweltvorsorgezwecken in größerem Umfang freigehalten wurden, ohne dass dies wegen des überragenden Gewichts der hinter den damit verfolgten öffentlichen Belangen zwingend geboten war.

Der Vorteil dieser vorgezeichneten systemimmanenten Überprüfung der verfügbaren Flächenpotenziale liegt darin, dass bei dieser Vorgehensweise ein Widerspruch zum Nachhaltigkeitspostulat vermieden wird, der dadurch droht, dass infolge des Verzichts auf die raumordnungsplanerische Steuerung herausragende öffentliche Belange, deren Wahrung in den Aufgabenbereich der Raumordnungsplanung fällt, dem Ziel der Erreichung kurzfristiger tagespolitischer Erfolge nachgeordnet werden. Überdies können unter dem Aspekt einer sachgerechten Steuerung der verschiedenen Quellen Erneuerbarer Energie Flächenkonkurrenzen entstehen, die eine raumordnungsplanerische Koordinierung erforderlich machen. So kann auch die Nutzung von Biomasse und Biogas sowie Solarenergie zu Flächenkonkurrenzen führen. Überdies kann eine, an Effizienzerwägungen ausgerichtete nachhaltige Energie- und Klimaschutzpolitik eine konzeptionell-inhaltliche Abstimmung hinsichtlich der verschiedenen Planungsräume erforderlich machen.

Der Konflikt zwischen einem klimaschutz- und energiepolitischen „Mehr an Windenergie“ und „arten- und gebietsbezogenen Lebensraumschutz“ kann nicht ohne öffentliche Planung allein von den Genehmigungsbehörden gelöst werden und auch nicht ohne Raumordnungsplanung allein auf der Basis städtebaulicher Planung der Gemeinden, vor allem dann nicht, wenn diese wie häufig – und in besonderem Maße auch gerade im Saarland und in Rheinland-Pfalz – wegen ihrer Finanznot ihre Rolle als objektive Sachwalter des öffentlichen Interesses nicht mehr unbeeinflusst wahrnehmen können.

Vor dem Hintergrund der infolge der landespolitischen Zurückdrängung der raumordnungsplanerischen Steuerung erkennbar werdenden Defizite im Bereich der Erhaltung der Biodiversität und der Umweltvorsorge stellt sich in Anbetracht des Urteils des EuGH vom 12.5.2011[38] zur Verbandsklage die Frage, ob Umweltorganisationen auch gegen die landesrechtliche Aufhebung der durch eine landesplanerische Konzentrationsplanung ausgelösten Ausschlusswirkung und eine etwaige fehlerhafte Umweltprüfung (siehe oben die rechtliche Analyse zur entsprechenden saarländischen Verordnung) vorgehen können. Da sich die Entscheidung des EuGH auf die Möglichkeit einer Verbandsklage aufgrund der Richtlinie 85/337/EWG des Rates vom 27.6.1985 über die Umweltverträglichkeitsprüfung bei bestimmten öffentlichen und privaten Projekten und die Richtlinie 2003/35/EG über die Öffentlichkeitsbeteiligung stützt, kann daraus ein Klagerecht von Umweltverbänden gegen landesplanerische Entscheidungen nicht ohne Weiteres abgeleitet werden,[39] jedoch erscheint wegen des weit gefassten Zwecks der Aarhus-Konvention (vgl. Art. 9 Abs. 2 bis 4) und der Öffentlichkeitsbeteiligungsrichtlinie eine Verbandsklagemöglichkeit unmittelbar gegen den landesrechtlichen Rechtsakt auch nicht ausgeschlossen. Zumindest dürfte aber im Rahmen einer Klage gegen die immissionsschutzrechtliche Genehmigung einer Windkraftanlage inzident auch die durch die landesplanerische Aufhebung der Ausschlusswirkung einer Konzentrationsplanung ausgelöste Beeinträchtigung der Biodiversität sowie von Lebensraumkorridoren und die unange-

38 EuGH, Urteil vom 12.5.2011 – C-115/09, DVBl. 2011, 757 ff. = UPR 2011, 268 ff.

39 Es könnte dadurch, dass bei der Umweltprüfung wesentliche Auswirkungen nicht erfasst und die dadurch betroffene Öffentlichkeit nicht eingebunden wurde, ein Verstoß gegen Art. 9 Abs. 3 der Aarhus-Konvention vorliegen; vgl. dazu Rehbinder, Die Aarhus-Rechtsprechung des europäischen Gerichtshofs und die Verbandsklage gegen Rechtsakte der Europäischen Union, EurUP 1/2012, S. 23. Zu den Konsequenzen vgl. auch Leidinger, Europäisiertes Verbandsklagerecht und deutscher Individualrechtsschutz, NVwZ 2011, 1345 ff.

messene Fragmentierung der Landschaft als Umweltbelange geltend gemacht werden können. Außerdem könnten wohl auch Nachbarn wegen der dadurch bewirkten Verkleinerung der planerischen Abstandsflächen, bei denen Umweltvorsorgeaspekte eine Rolle gespielt haben, auf die unter Zumutbarkeitsgesichtspunkten tolerablen immissionsschutzrechtlichen Abstandsflächen eine Klagemöglichkeit haben. Eine einseitige und pauschale Verschiebung der Gewichte bei der Zulassung von Anlagen der Erneuerbaren Energie am falschen Standort infolge der landesplanerischen Aufhebung der Ausschlusswirkung einer Konzentrationsplanung zulasten des Natur- und Nachbarschutzes könnte also durchaus angreifbar sein.

Entschärfung des Nutzungskonflikts durch technologische Entwicklung im Bereich der Energiespeicherung?

*Dipl.-Ing. Matthias Puchta**

I. Einleitung

Aufgrund der Transformation des Energiesystems hin zu einer Stromversorgung mit Erneuerbaren Energien werden vermehrt Erneuerbare Energieerzeugungsanlagen aufgebaut. Dabei konkurrieren andere Flächennutzungsmöglichkeiten mit dem Aufbau der Erneuerbare Energieerzeugungsanlagen

Dieser potenzielle Nutzungskonflikt könnte durch den Ausbau der Windenergienutzung verschärft werden. Da die Windkraft eine fluktuierende Quelle ist, muss für Schwachwindzeiten eine größere Anzahl von Windkraftanlagen ins-

* Fraunhofer Institut für Windenergie und Energiesystemtechnik, Bereich Regelungstechnik und Energiespeicher, Kassel.

talliert werden, als rein energetisch betrachtet notwendig wären. Dies führt in Starkwindzeiten zu Überschüssen in der Stromproduktion, die abgeregelt werden müssen.

Durch den Einsatz von Energiespeichern kann Energie aus Zeiten des Überschusses zwischengespeichert und zu Schwachwindzeiten in das Netz eingespeist werden. Dies verringert potenziell die notwendige Anzahl an installierten Windkraftanlagen. Dadurch ergibt sich eine mögliche Entschärfung des Nutzungskonflikts durch Energiespeicher.

Auf die aktuellen technologischen Entwicklungen im Bereich der Energiespeicher soll im Folgenden eingegangen werden.

II. Energiespeichertechnologien

Die hier betrachteten Energiespeicher befinden sich in verschiedenen Entwicklungs- und Marktstadien. Die folgende Abbildung gibt einen Überblick über die Landschaft der verschiedenen Energiespeichertechnologien.

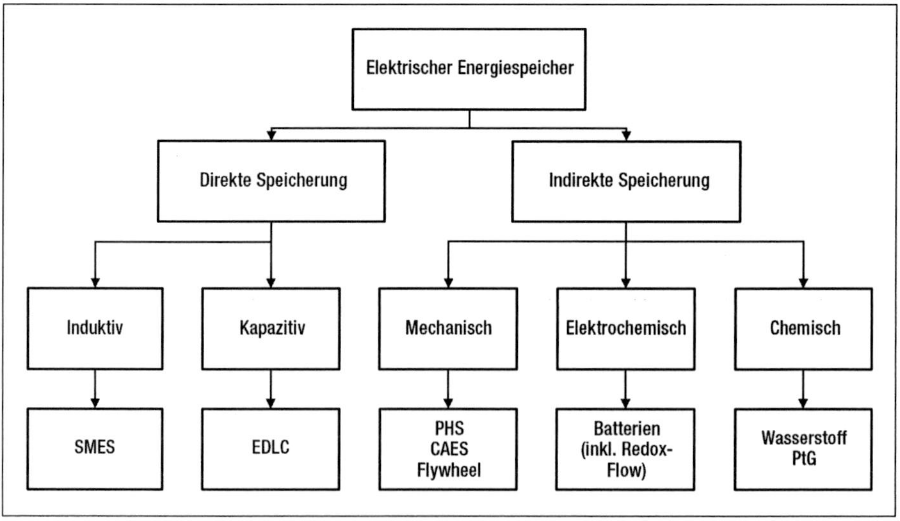

Abbildung 1: Kategorisierung der Energiespeicher

In den folgenden Abschnitten werden alle in Abbildung 1 dargestellten Energiespeicher mit ihren wesentlichen Eigenschaften kurz vorgestellt.

1. Direkte Speicherung

a. Supraleitende Magnete

Elektromagnete bestehen im Wesentlichen aus stromdurchflossenen Leiterschleifen, die gemäß der Formel

$$E = \tfrac{1}{2} L I^2$$

Energie E in magnetischen Feldern speichern können. Hierbei spielt neben der Stromstärke I auch die Induktivität L, welche im Wesentlichen durch geometrische Größen wie die Anzahl der Windungen, aber auch durch die Eigenschaften der verwendeten Materialien beeinflusst wird, eine zentrale Rolle.

Durch den Einsatz supraleitender Materialien ist es möglich, große elektrische Ströme verlustfrei durch die Spulen zu leiten, wodurch hohe Energiemengen gespeichert werden können (engl.: Superconducting Magnetic Energy Storage, SMES). Hier kommen unter anderem spezielle Niob-Titan-Legierungen zum Einsatz. Im Betrieb müssen alle derartigen Systeme unter eine charakteristische Sprungtemperatur abgekühlt werden, welche von der magnetischen Feldstärke und der genauen Materialzusammensetzung abhängt und in der Nähe des absoluten Nullpunktes liegt. Auch sogenannte Hochtemperatursupraleiter haben ihre Sprungtemperatur bei tiefen Temperaturen um −140 °C. Dies hat zur Folge, dass eine aufwändige Isolierung und energieintensive Kühlung notwendig sind, was zu hohen Kosten führt und nur eine kurzzeitige Speicherung erlaubt. Auch stellt das starke Magnetfeld eine potenzielle Gefahr für die direkte Umgebung dar.

Vorteile bestehen allerdings in der sehr hohen Lebensdauer von über 20 Jahren bei etwa 1.000.000 möglichen Zyklen, der Fähigkeit zur schnellen Auf- und Entladung sowie dem hohen Wirkungsgrad von etwa 85 % bis 95 %. Die (gravimetrische) Energiedichte beträgt etwa 1,4 Wh/kg.[1]

1 Yuan, W. (2011). Second-Generation High Temperature Superconducting Coils and Their Applications for Energy Storage. London: Springer-Verlag.

b. Doppelschichtkondensatoren

Kondensatoren sind elektronische Bauelemente mit der Fähigkeit, Energie in elektrischen Feldern zu speichern. Sie unterscheiden sich in ihrer Funktionsweise damit grundsätzlich von Akkumulatoren, deren Speicherprinzip auf elektrochemischen Reaktionen beruht. Infolgedessen können Kondensatoren viel schneller ge- und entladen werden, besitzen aber auch eine deutlich geringere Energiedichte. Die gespeicherte Energie ergibt sich zu:

$$E = \tfrac{1}{2}CU^2$$

mit der elektrischen Kapazität C und der Spannung U.

Doppelschichtkondensatoren (engl.: Electrochemical Double Layer Capacitor, EDLC) eignen sich aufgrund ihrer vergleichsweise hohen elektrischen Kapazität besonders für Speicheranwendungen. Die beiden Elektroden bestehen aus hochporösen Materialien mit extrem großen spezifischen Oberflächen von bis zu mehreren tausend Quadratmetern pro Gramm und guter elektrischer Leitfähigkeit. Häufig kommt Aktivkohle zum Einsatz. Die Elektroden befinden sich in einer Elektrolytlösung und sind durch einen Separator voneinander getrennt. Elektrische Ladungen in einer Elektrode werden durch entgegengesetzt geladene Elektrolytionen abgeschirmt, wodurch sich entlang der Grenzfläche A eine sogenannte Doppelschicht mit einer Dicke d von nur wenigen zehntel Nanometern ausbildet. Anhand eines einfachen Modells ergibt sich hierfür die Beziehung:

$$C \approx \varepsilon_0 \varepsilon_\mathrm{r} \frac{A}{d},$$

wobei ε_0 die Dielektrizitätskonstante des Vakuums und ε_r die relative Dielektrizitätskonstante des Elektrolyten beschreiben. Aufgrund des sehr guten Verhältnisses von Oberfläche zu Dicke können auf diese Weise hohe Energiedichten erzielt werden bei Spannungen von einigen Volt. Vorteile ergeben sich neben der Fähigkeit, große Lade- und Entladeströme zu verkraften, insbesondere aus einem Wirkungsgrad von über 95 % und einer hohen Lebensdauer im Bereich von zehn Jahren und 500.000 möglichen Zyklen.

Dem gegenüber stehen hohe Kosten und eine gravimetrische Energiedichte, die mit etwa 0.1 Wh/kg bis 10 Wh/kg[2] zwei Größenordnungen niedriger ausfällt als bei Akkumulatoren.

2. Indirekte Speicherung

a. Pumpspeicherkraftwerke

Das Prinzip derartiger Anlagen besteht im Wasseraustausch zwischen zwei Speicherbecken, die sich in unterschiedlichen Höhen befinden. Zur Energieaufnahme wird Wasser mittels Pumpen in das höher gelegene Speicherbecken gefördert. Eine Abgabe erfolgt in umgekehrter Richtung mittels Turbinen, die wiederum Generatoren zur Stromerzeugung antreiben (engl.: Pumped Hydro Storage, PHS). Diese Technik ist sehr gut etabliert und seit vielen Jahrzehnten weltweit großtechnisch im Einsatz. Sie zeichnet sich ferner durch einen guten Wirkungsgrad von etwa 70 % bis 88 % aus, besitzt eine hohe, relativ leicht skalierbare Speicherkapazität, ist sehr langlebig und verursacht bezogen auf die Kapazität geringe Kosten. Außerdem beschränkt sich die Selbstentladung auf natürliche Verdunstungsprozesse in Verbindung mit ausgleichenden Niederschlägen, wodurch eine Energiespeicherung auch über größere Zeiträume hinweg möglich ist. Allerdings sind derartige Anlagen nicht überall realisierbar, da große Mengen Wasser und geeignete Standorte für die Speicherbecken benötigt werden. Ferner stellt ihr Bau in vielen Fällen einen größeren Eingriff in die Natur dar, was unter Umweltschutzaspekten kritisch zu sehen ist.

b. Druckluftspeicherkraftwerke

Druckluftspeicherkraftwerke verwenden Kompressoren, um Luft unter hohem Druck in großen Kavernen zu speichern und später über Turbinen und Generatoren zur Stromerzeugung nutzen zu können (engl.: Compressed Air Energy Storage, CAES). Im Gegensatz zu Pumpspeicherkraftwerken spielen hier allerdings thermodynamische Effekte eine Rolle, die den Wirkungsgrad derartiger Systeme begrenzen. Luft erwärmt sich bei Komprimierung, um während einer anschließenden Lagerphase wieder abzukühlen, was mit Druckverlusten einhergeht und die später entnehmbare Energiemenge reduziert. Analog dazu führt

2 Li, R.-S., Zhan, L., Sun, X., Liu, H., & Zhang, J. (2012). Electrochemical Technologies for Energy Storage and Conversion. Weinheim: Wiley-VCH.

eine Expansion komprimierter Luft wieder zu einer starken Abkühlung, was Vereisungen in den Turbinen und somit Schäden an der Anlage sowie weitere Effizienzverluste bedeuten kann. Eine Möglichkeit, diesen Problemen zu begegnen, besteht in der Installation von Wärmespeichern, die während des Kompressionsvorgangs thermische Energie aufnehmen und sie im Verlauf der Expansion wieder zuführen. Derartige Anlagen werden als adiabatische Druckluftspeicherkraftwerke bezeichnet. Sie erreichen Wirkungsgrade im Bereich von 70 %, sind sehr langlebig und verursachen relativ geringe Kapazitätskosten. Im Vergleich zu Pumpspeicherkraftwerken stellt ihr Bau einen deutlich geringeren Eingriff in die Natur dar, da meist unterirdische Kavernen in geeigneten geologischen Formationen als Speicher dienen und somit keine ausgedehnten oberirdischen Flächen benötigt werden. Daher ist diese Technik nur in geeigneten Gebieten wirtschaftlich realisierbar. Auch sind die Kapazität und die mögliche Speicherdauer von CAES-Systemen geringer als dies bei Pumpspeicherkraftwerken der Fall ist.[3]

c. Schwungradspeicher

Diese Technologie beruht auf dem Prinzip rotierender Massen, die große Mengen an Bewegungsenergie gemäß der Formel

$$E = \frac{1}{2}\Theta\omega^2$$

Speichern können (engl.: Flywheel). Das Trägheitsmoment Θ hängt hierbei stark von der Größe sowie der Massenverteilung des Schwungrades ab. Weiterhin sind große Drehfrequenzen ω erstrebenswert, um hohe Energiedichten zu erreichen. Dies führt allerdings zu starken mechanischen Belastungen, was neben dem Einsatz hochfester Materialien auch besondere Konstruktionsweisen erforderlich macht. Aus diesem Grund finden hier spezielle Stähle und Verbundwerkstoffe Verwendung. Darüber hinaus kommt der Vermeidung von Reibungsverlusten sowohl in Bezug auf den Verschleiß als auch auf die Selbstentladung eine besondere Bedeutung zu. Es kommen verschiedene Motor-Generator-Konzepte in Verbindung mit Leistungselektronik zur Drehzahlregelung, sowie magnetische Lager und Vakuumverkapselungen zum Einsatz. Dies erfordert hohe Anfangsinvestitionen, denen allerdings ein relativ geringer Wartungsaufwand

3 Barnes, F. S., & Levine, J. G. (2011). Large Energy Storage Systems Handbook. Boca Raton: CRC Press – Taylor & Francis Group.

sowie eine hohe Lebensdauer von etwa 20 Jahren bei über 100.000 möglichen Zyklen gegenüberstehen, wodurch die Betriebskosten potenziell niedriger ausfallen als bei bestimmten Batterietechnologien. Davon abgesehen ergeben sich Energiedichten im Bereich von 10 Wh/kg bis 230 Wh/kg, typische Wirkungsgrade zwischen 85 % und 95 % sowie hohe Lade- und Entladegeschwindigkeiten. Allerdings ist die Selbstentladung trotz aller technischen Vorkehrungen recht hoch, wodurch sich diese Technologie nur als Kurzzeitspeicher eignet. Schwungradspeicher stellen in Bezug auf ihre Funktionsweise und die verwendeten Materialien kein größeres Umweltproblem dar. Allerdings können durch Verlust des Vakuums, Schäden an den Lagern oder den Materialien der rotierenden Massen Gefahren für Personen in der unmittelbaren Umgebung entstehen.[4]

d. Elektrochemische Energiespeicherung (Batterien)

Der Begriff „Batterie" umfasst eine Vielzahl verschiedenartiger elektrochemischer Zellen, die eine Umwandlung chemischer in elektrische Energie zum Zweck haben. Hierbei wird zwischen nichtwiederaufladbaren Primärzellen und wiederaufladbaren Sekundärzellen, auch Akkumulatoren genannt, unterschieden. Unabhängig von dieser Einteilung bestehen Batterien grundsätzlich aus zwei räumlich getrennten Bereichen, die in der Lage sind, Ionen untereinander auszutauschen und unterschiedliche von Elektrolyten umgebene Elektroden enthalten. Letztere beinhalten wiederum Aktivmaterialien als chemische Energiespeicher. Da sämtliche elektrochemischen Vorgänge an den Phasengrenzen Aktivmaterial-Elektrolyt stattfinden, spielt der Elektrodenaufbau eine besondere Rolle. Hier finden in der Regel hochporöse Strukturen Verwendung, wobei etwa 50 % des Elektrodenvolumens mit Elektrolyt gefüllt sind. Dadurch stehen Oberflächen bis zu mehreren Quadratmetern pro Gramm Aktivmaterial zur Verfügung. Ebenso wichtig ist eine gute elektrische Leitfähigkeit. Um dies zu erreichen, werden leitfähige Additive verwendet sowie metallische Ableiter, welche aus der Zelle herausgeführt werden und als elektrische Anschlüsse dienen.[5]

Wird eine Batterie an einen elektrischen Verbraucher angeschlossen, erfolgt an der negativen Elektrode eine Oxidation des dortigen Aktivmaterials unter Abgabe von Elektronen. Diese fließen durch den Verbraucher zur positiven

4 Östergård, R. (2011). Flywheel energy storage – a conceptual study. Uppsala Universität.

5 Jossen, A., & Weydanz, W. (2006). Moderne Akkumulatoren richtig einsetzen. Untermeitingen: Inge Reichardt Verlag.

Elektrode, deren Aktivmaterial sie unter Reduktion aufnimmt. Der Stromkreis schließt sich durch einen ebenso großen, aber entgegengesetzt gerichteten Ionenstrom im Elektrolytraum zwischen beiden Elektroden.

Im Fall von Akkumulatoren kann anstelle eines Verbrauchers auch eine Spannungsquelle angeschlossen werden, um die oben geschilderten Vorgänge umzukehren. Hierdurch lässt sich eine solche Zelle nach Gebrauch wieder aufladen, wobei die Häufigkeit der möglichen Zyklen durch Alterungseffekte beschränkt ist.

Im Folgenden sollen die wichtigsten derzeit im Einsatz befindlichen Akkumulatortechnologien kurz vorgestellt werden.

aa. Blei-Säure Akkumulatoren

Hierbei handelt es sich um eine vielfach bewährte Technologie, deren kommerzielle Nutzung bereits mehr als 150 Jahre zurückreicht. Bleidioxid und Blei bilden die positive beziehungsweise negative Elektrode, welche von verdünnter Schwefelsäure umgeben und zur Vermeidung von Kurzschlüssen durch einen Separator voneinander getrennt sind. Im Zuge einer Entladung reagieren sie mit der Schwefelsäure zu Bleisulfat, was eine relativ hohe Zellspannung von etwa 2 V ermöglicht:

$$Pb + PbO_2 + 4H^+ + 2SO_4^{2-} \rightarrow 2PbSO_4 + 2H_2O$$

Dies führt allerdings auch zu einer langsamen Zersetzung des Wassers im Elektrolyten, wobei Wasserstoff und Sauerstoff entstehen, bei gleichzeitiger Entladung der Zelle. Hierdurch wird die mögliche Lagerzeit begrenzt, während der Batteriestandort darüber hinaus besonderen Anforderungen genügen muss.

Dennoch stellen Blei-Säure Akkumulatoren den meistgenutzten Batterietyp dar, was in erster Linie auf den geringen Preis ab etwa 50 €/kWh nominaler Speicherkapazität zurückzuführen ist. Weiterhin sind sie sehr gut recyclebar und weisen eine hohe Lebensdauer von vier bis 20 Jahren bei 500 bis 2.000 möglichen Zyklen auf. Der Wirkungsgrad liegt im Bereich von 80 % bei einer vergleichsweise geringen Energiedichte von etwa 35 Wh/kg.[6]

6 Reddy, T. B. (2011). Linden´s Handbook of Batteries. New York: McGraw-Hill Company.

bb. Lithium-Ionen Akkumulatoren

Die Entwicklung wiederaufladbarer Lithium-Ionen Zellen reicht etwa 40 Jahre zurück. Es handelt sich hier um eine vergleichsweise neue Technologie, die nach wie vor einem starken Wandel unterworfen ist. So existieren derzeit eine ganze Reihe verschiedener Typen mit unterschiedlichen Funktionsweisen und Eigenschaften. Am Häufigsten sind aktuell Systeme anzutreffen, in denen die Elektroden ein Wirtsgitter zur Speicherung von Lithiumatomen bilden. Diese befinden sich in einem Elektrolyten, der Lithiumionen enthält. Zur Vermeidung von Kurzschlüssen sind wiederum Separatoren notwendig. Während eines Entladevorgangs gehen Lithiumatome aus der negativen Elektrode unter Abgabe jeweils eines Elektrons in den Elektrolyten über. Die so entstandenen Ionen diffundieren anschließend zur positiven Elektrode und werden dort unter Wiederaufnahme der Elektronen in das Wirtsgitter eingebaut. Diesen Vorgang bezeichnet man als Interkalation. Die Reaktionsgleichung lautet im Fall der häufig eingesetzten Zelle mit Graphit als negativer und Lithiumcobaltdioxid als positiver Elektrode:

$$LiC_6 + Li_yCoO_2 \rightarrow Li_{1-x}C_6 + Li_{x+y}CoO_2$$

Typischerweise werden auf diese Art Zellspannungen zwischen 2,5 V und 4,2 V bei über 90 % Wirkungsgrad erreicht. Die Energiedichte liegt im Bereich von etwa 50 Wh/kg bis 200 Wh/kg und ist somit deutlich höher als im Fall von Blei-Säure Akkumulatoren. Weitere Vorteile bestehen in der relativ geringen Selbstentladung sowie der Realisierbarkeit sehr langlebiger Typen für Spezialanwendungen, was aber im Allgemeinen mit Abstrichen bei anderen Eigenschaften wie der spezifischen Kapazität verbunden ist. Der größte Nachteil ist der hohe Preis von typischerweise 500 €/kWh bis 800 €/kWh. Auch Sicherheitsrisiken aufgrund der hohen Energiedichte sowie der Reaktivität der verwendeten Materialien spielen in diesem Zusammenhang eine wichtige Rolle. Es sind aber vergleichsweise sichere Typen realisierbar, allerdings auch hier wiederum zulasten anderer Eigenschaften.[7]

cc. Natrium-Schwefel Akkumulatoren

Dieser Akkumulatortyp wurde vor über 40 Jahren entwickelt. Die negative Elektrode aus geschmolzenem Natrium und die positive Elektrode aus geschmolzenem Schwefel sind durch einen festen Elektrolyten aus natriumhaltigem Aluminiumoxid voneinander getrennt. Während des Entladens wandern Natrium-

7 Reddy, T. B. (2011). Linden´s Handbook of Batteries. New York: McGraw-Hill Company.

atome der negativen Elektrode nach Abgabe jeweils eines Elektrons durch den Elektrolyten und reagieren anschließend mit dem geschmolzenen Schwefel zu Natriumpolysulfid:

$$2Na + xS \rightarrow Na_2S_x \ (x = 5 - 3)$$

Dies führt zu einer Zellspannung von etwa 2 V bei typischerweise 90 % Wirkungsgrad. Die Energiedichte ist mit 160 Wh/kg bis 230 Wh/kg relativ hoch, bei potenziell niedrigen Kosten. Weiterhin zeichnen sich diese Systeme durch eine sehr geringe Selbstentladung und eine hohe Lebensdauer von etwa 15 Jahren bei 2.500 Zyklen aus. Ein großer Nachteil besteht in der notwendigen Betriebstemperatur von 290 °C bis 360 °C, da beide Elektrodenmaterialien in geschmolzener Form vorliegen müssen.[8] Dies erfordert, neben einer aufwändigen thermischen Isolierung, das Zuführen von Heizenergie, wodurch sich Natrium-Schwefel Akkumulatoren lediglich zur kurzzeitigen Energiespeicherung eignen. Dieser Nachteil lässt sich aber auch positiv auslegen, da die allermeisten Batteriesysteme ebenfalls ein Thermomanagement benötigen. Weiterhin bestehen auch hier Sicherheitsrisiken durch die hohe Reaktivität der eingesetzten Materialien.

dd. Vanadium Redox-Flow Batterie

Die Anfänge dieser Technologie reichen etwa 40 Jahre zurück. Zwei Elektrolyte, die Vanadiumionen verschiedener Oxidationsstufen enthalten, umspülen die beiden durch eine Membran voneinander getrennten Elektroden. In Entladerichtung wird zweifach geladenes Vanadium (II) unter Abgabe eines Elektrons an der negativen Elektrode zu Vanadium (III) oxidiert. Parallel dazu erfolgt an der positiven Elektrode eine Reduktion von Vanadium (V) zu Vanadium (IV).[9] Der Ladungsausgleich zwischen beiden Bereichen erfolgt durch einen Strom von Wasserstoffionen durch die Membran:

$$VO_2^+ + 2H^+ + V^{2+} \rightarrow VO^{2+} + H_2O + V^{3+}$$

Die Spannung liegt im Bereich von 1,4 V bei Wirkungsgraden um 75 %. Auch die gravimetrische Energiedichte ist mit etwa 35 Wh/kg relativ gering. Allerdings besteht hier eine hervorragende Skalierbarkeit, da die Elektrolyte als chemischer

8 Reddy, T. B. (2011). Linden's Handbook of Batteries. New York: McGraw-Hill Company.

9 Reddy, T. B. (2011). Linden's Handbook of Batteries. New York: McGraw-Hill Company.

Energiespeicher von außen über Tanks zugeführt werden. Deren Größe lässt sich leicht verändern, wodurch insbesondere Systeme mit großer Speicherkapazität kostengünstig realisierbar sind, sofern keine hohen elektrischen Leistungen gefordert werden. Ein weiterer Vorteil liegt in einer hohen Lebensdauer von sieben bis 15 Jahren wobei etwa 10.000 Zyklen möglich sind.

e. Chemische Speicher (Gase)

Der Bereich der chemischen Gase ist besonders interessant für die Speicherung von Energie über lange Zeitperioden. Durch konventionelle Technologien (Druckgasspeicher, Kavernen etc.) zur Gasspeicherung sind sehr hohe und kostengünstige Kapazitäten verfügbar. Durch die praktisch nicht vorhandene Selbstentladung kann mithilfe von Gasen eine strategische Energiereserve aufgebaut werden. Dies ist insbesondere bei einem hohen Anteil von Erneuerbaren Energien im Stromnetz sehr attraktiv. Ein weiterer Vorteil bei der Verwendung von Gas als Energiespeicher ist die Kopplung des Stromsystems mit dem Gassystem. Hierdurch entstehen weitere Applikationsmöglichkeiten zum Verbrauch dieser gespeicherten Energie. Für eine erneuerbare Vollversorgung (Strom, Wärme & Mobilität) ist dieses Verbindungsglied von hoher Bedeutung.

aa. Wasserstoff

Wasserstoff ist das kleinste und einfachste Atom, es besteht nur aus einem Proton als Kern, der von einem Elektron umgeben ist. In der Erdatmosphäre kommt es praktisch nicht in atomarer Form vor, sondern meist in Verbindung mit Sauerstoff als Wasser.[10] Als Energieträger muss Wasserstoff gewonnen werden. Für den Produktionsprozess von Wasserstoff gibt es verschiedene technische Möglichkeiten. Neben den thermochemischen (Reformation, Vergasung oder direkte Spaltung) und photochemischen Verfahren (Biophotosynthese) spielen die elektrochemischen Verfahren (Elektrolyse) in diesem Kontext eine interessantere Rolle. Elektrolyseure gibt es in verschiedenen Ausführungen. Große Anlagen mit alkalischer Elektrolyse haben die höchsten Wirkungsgrade (bis über 70 %), am weitesten verbreitet sind jedoch die kleineren PEM Elektrolyseure mit Wirkungsgraden bei 50 %.[11] Der mengenmäßig größte Anteil der Wasserstoff-

10 Eichlseder, H., & Klell, M. (2010). Wasserstoff in der Fahrzeugtechnik. Wiesbaden: Springer Fachmedien GmbH.

11 Eichlseder, H., & Klell, M. (2010). Wasserstoff in der Fahrzeugtechnik. Wiesbaden: Springer Fachmedien GmbH.

produktion in Deutschland fällt als Nebenprodukt bei der Chlor-Alkali-Produktion an.

Der erzeugte Wasserstoff kann sowohl verdichtet gasförmig, tiefkalt flüssig oder in chemischer oder physikalischer Verbindung gespeichert werden. Die derzeit ökonomischste Variante ist die Speicherung von verdichtetem Wasserstoff (200–900 bar). Hierfür stehen konventionelle Techniken zur Verfügung. So können beispielsweise handelsübliche Druckgasflaschen bis zu einem Druck von 300 bar befüllt werden. Eine solche Druckgasflasche (50 l) fasst etwa 8 Nm^3 Wasserstoff und speichert somit circa 24 kWh Energie. Großbehälter werden typischerweise auf etwa 30 bar Druck gefüllt.

Die Kompression des gasförmigen Wasserstoffs verbraucht Energie. Als Faustformel gilt: Kompression auf 1000 bar kostet 15 % des Energiegehaltes des Wasserstoff.[12] Die Speicherung in Kavernen ist in den USA und England Stand der Technik und wird weiter ausgebaut.[13] In Niedersachsen ist ein großes Potenzial zur Speicherung von Wasserstoff in Salzkavernen vorhanden.

Die derzeit in Deutschland existierende Wasserstoffinfrastruktur besteht aus zwei regionalen Wasserstoffpipelinesystemen und der Transportmöglichkeit per LKW, Bahn oder Schiff. Die Nutzung der Erdgasinfrastruktur ist bis zu einem gewissen Prozentsatz von ca. 5 Vol% zugelassen.

Die Energetische Nutzung von Wasserstoff kann über die direkte Verbrennung in modifizierten Gasturbinen oder Verbrennungsmotoren erfolgen. Eine weitere Möglichkeit ist die elektrochemische Wasserstoffnutzung in einer Brennstoffzelle, hier werden potenziell höhere Wirkungsgrade (Gas zu Strom) erreicht.

Zukünftige Entwicklungen gehen in Richtung Effizienzoptimierung aller Systemkomponenten, Druckerhöhung in der Wasserstoffkette sowie Kostenoptimierung in der Brennstoffzellentechnologie.

bb. Power to Gas (Katalytische Hydrierung von CO_2)

Das „Power to Gas“-Verfahren geht prozesstechnisch einen Schritt weiter in der Nutzung von Wasserstoff. Es nutzt den Sabatier-Prozess, um Wasserstoff (H_2) unter Zugabe von Kohlenstoffdioxid (CO_2) in Methan umzuwandeln. Somit können die Infrastrukturdefizite der Wasserstofftechnologie durch die Erzeu-

12 Eichlseder, H., & Klell, M. (2010). Wasserstoff in der Fahrzeugtechnik. Wiesbaden: Springer Fachmedien GmbH.

13 Crotogino, F., & Hamelmann, R. (2008). Wasserstoff-Speicherung in Salzkavernen zur Glättung des Windstromangebots. KBB Underground Technologies GmbH, Fachhochschule Lübeck.

gung von synthetischem Erdgas (SNG[14]) überwunden werden. Mithilfe von Katalysatoren wird das CO_2 unter hohen Drücken und Temperaturen hydriert. Als Produkte entstehen Methan (CH_4) und Wasser. Für das erzeugte Methan steht die Speicherkapazität des deutschen Erdgasspeichersystems mit über 200 TWh sowie die leistungsstarke und feinmaschige Infrastruktur des Erdgasnetzes zur Verfügung. Die Nutzung dieses Energieträgers ist in heute verbreiteten technischen Geräten sowie in Kraftfahrzeugen problemlos möglich. Über Gas und Dampf-Kombikraftwerke (GuD) kann das SNG rückverstromt werden. Hierbei wird ein Gesamtwirkungsgrad um 33 % erwartet.[15] Über Brennwertkessel oder Erdgasfahrzeuge können Wärme und Mobilität bereitgestellt werden. Als besonderer Vorteil gegenüber allen anderen Speichertechnologien gilt die Möglichkeit zur Realisierung einer langfristigen, strategischen und erneuerbaren Energiereserve mit heutigen Technologien.

Derzeit laufen in diesem Bereich mehrere Pilotprojekte, bis 2013 soll eine 6 MW-Anlage realisiert werden. Durch die Kopplung des Power to Gas-Prozesses mit dem Ausgangsgas von Biogasanlagen, welches zu etwa gleichen Teilen aus Methan und Kohlenstoffdioxid besteht, lässt sich Biogas für die Einspeisung in das Erdgasnetz aufbereiten.

III. Einordnung der Einsatzbereiche und Dienstleistungen

1. Einordnung der Speichertechnologien

Alle vorgestellten Technologien sind (unter wirtschaftlichen Gesichtspunkten) für verschiedene Anwendungen relevant. So stehen beispielsweise die Lithium-Ionen Akkumulatoren in Elektrofahrzeugen nicht in wirtschaftlicher Konkurrenz zu Pumpspeicherkraftwerken, wenn die Kapazität als maßgebliches Kriterium gilt. Grundsätzlich kann folgende Aussage getroffen werden: Je größer die benötigte Speicherkapazität, desto eher werden Systeme mit getrenntem Leistungs- und Kapazitätsteil realisiert. Die Speicher sollen anhand ihrer Kapazität nochmals eingeordnet werden. Abbildung 2 gibt hier einen Überblick.

14 Substitute Natural Gas (SNG).

15 Sterner, M., Jentsch, M., & Holzhammer, U. (2011). Energiewirtschaftliche und ökologische Berwertung eines Windgas-Angebotes. Kassel: Fraunhofer IWES.

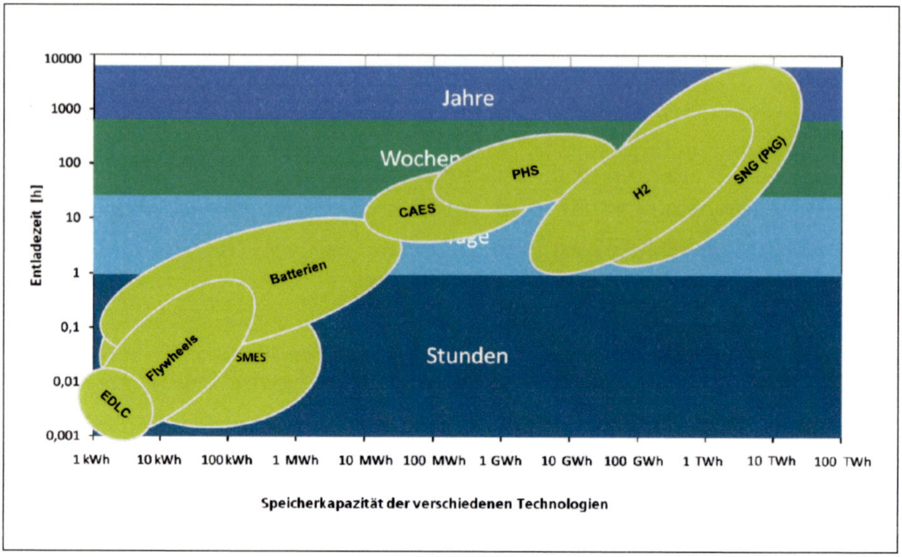

Abbildung 2: Einordnung der Speicherkapazitäten (nach Specht, 2010)[16]

Anhand der obigen Darstellung lässt sich eindeutig erkennen, dass die realisierten Anlagen in ihren Eigenschaften breit gestreut sind. Der im Kontext dieses Berichtes besonders relevante Bereich der hohen Kapazitäten wird maßgeblich durch mechanische und chemische Speicher abgedeckt. Druckluft- und Pumpspeicher sowie Wasserstoff und Power to Gas decken den Tages- bis Jahresbereich ab. Alle anderen Technologien sind auf kleineren Zeitskalen relevant. Aus Netztechnischer Sicht ist diese zeitliche Einordnungen von großer Bedeutung.

2. Einordnung der Netzdienstleistungen

In einer tiefergehenden Betrachtung müsste nicht nur die Einordnung der Zeitbereiche, sondern auch eine örtliche[17] Einordnung vorgenommen werden. Dieser Aspekt bleibt hier jedoch unberücksichtigt. Ein weiterer Aspekt ist der

16 Specht, M.; Baumgart, F.; Feigl, B.; Frick, V.; Stürmer, B.; Zuberbühler, U.; Sterner, M.; Waldstein, G. (2010): Speicherung von Bioenergie und erneuerbarem Strom im Erdgasnetz. FVEE Jahrestagung 2009. Forschen für globale Märkte erneuerbarer Energien. FVEE, Berlin.

17 Der Begriff „Örtlich" wird hier auf die Netztopolopie bezogen.

Leistungsbereich der Energiespeicher. Diese wurde im Vorfeld nicht betrachtet, spielt jedoch eine wichtige Rolle im Bezug auf die möglichen Netzdienstleistungen. Hierbei stellt sich die Frage nach hohen und zugleich kostengünstigen Leistungen. Die folgenden Abbildungen sollen diese Einordnungen erläutern.

Im unteren Leistungsbereich (bis 2 MW) sind Anwendungsfälle wie z. B. Spitzenlastreduktion (siehe Abbildung 3), Unterbrechungsfreie Stromversorgung (siehe Abbildung 4) und Maßnahmen zur Erhaltung der Spannungsqualität (siehe Abbildung 5) relevant.

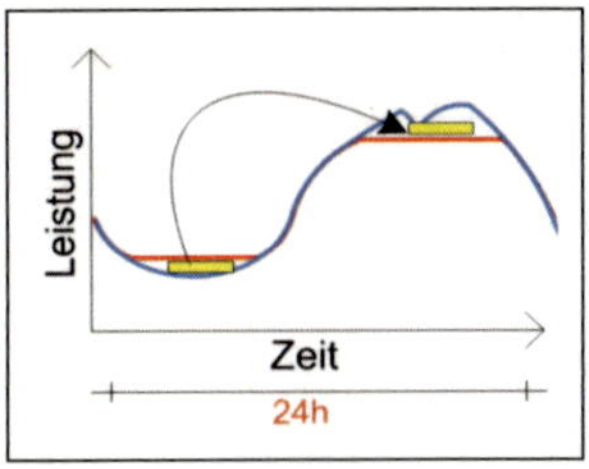

Abbildung 3: Spitzenlastreduktion

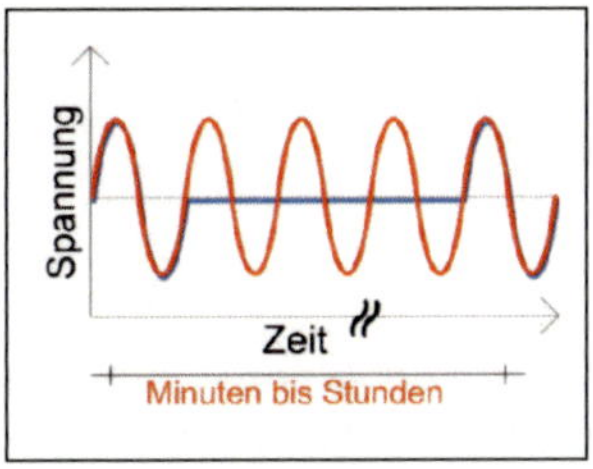

Abbildung 4: Unterbrechungsfreie Stromversorgung

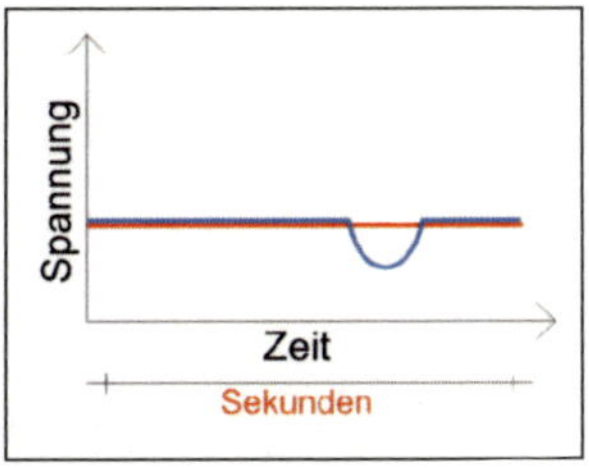

Abbildung 5: Spannungsqualität

Der obere Leistungsbereich (bis in Gigawatt (GW)) erfüllt Aufgaben im Bezug auf Lastausgleich (siehe Abbildung 7) und Bereitstellung einer Leistungsreserve (siehe Abbildung 6) sowie weitere Systemdienstleistungen (siehe Abbildung 8) im Übertragungsnetz.

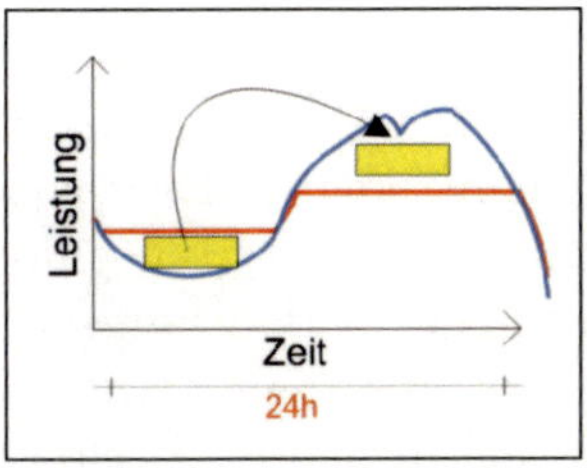

Abbildung 6: Lastausgleich

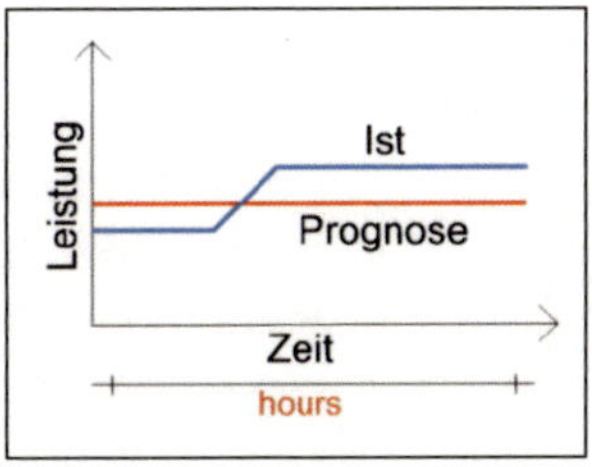

Abbildung 7: Leistungsreserve

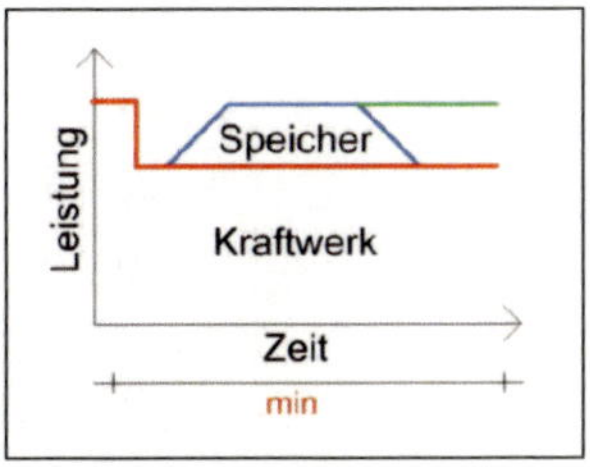

Abbildung 8: Systemdienstleistung

Im mittleren Leistungsbereich (zwischen 2 und 100 MW) stehen die Begrenzung des Netzausbaus (siehe Abbildung 9) sowie die Spannungsregelung (siehe Abbildung 10) und Netzstabilisierung des Verteilnetzes im Vordergrund.

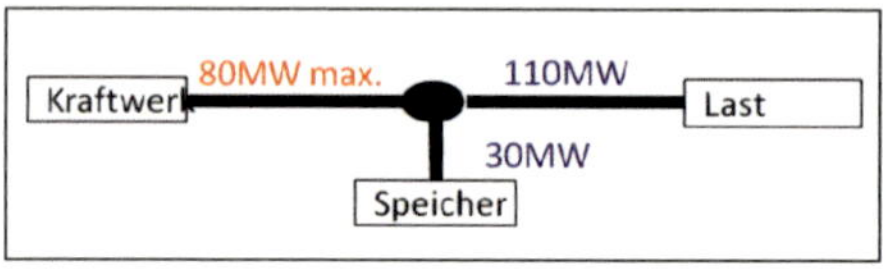

Abbildung 9: Vermeidung des Netzausbaus

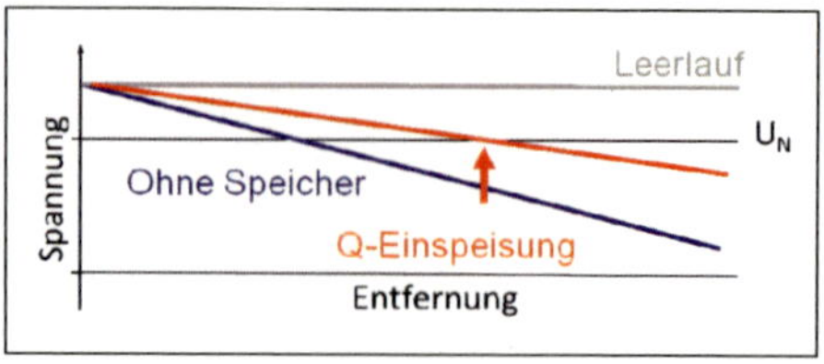

Abbildung 10: Spannungsregelung im Übertragungsnetz

Anhand der Abbildungen lassen sich nun die verschiedenen Speichertechnologien zu den möglichen Netzdienstleistungen zuordnen. Speichertechnologien aus dem Stunden- bis Jahresbereich sind somit für folgende Netzdienstleistungen prädestiniert:

- Spitzenlastreduktion
- Lastausgleich
- Leistungsreserve
- Spannungsregelung im Übertragungsnetz
- Begrenzung des Netzausbaus

Diese Dienstleistungen haben Einfluss auf die großen Strukturen des Systems und sind somit potenziell geeignet, um Nutzungskonflikte[18] zu entschärfen.

18 Nutzungskonflikte werden hier als Konflikte um die Nutzung räumlicher Bereiche, bezogen auf das elektrische System aufgefasst.

DER JURISTISCHE VERLAG
lexxion
BERLIN
www.lexxion.de

Übersicht über die bisher erschienenen Titel

Vergaberecht in der städtebaulichen Planung
122 Seiten · 2008 · ISBN 978-3-93 98 04-51-2 · Preis € 38,–

Umweltrechtliche Einflüsse in der städtebaulichen Planung
244 Seiten · 2009 · ISBN 978-3-93 98 04-73-4 · Preis € 58,–

Mobilisierung von Baulücken und Leerstandspotenzialen
112 Seiten · 2009 · ISBN 978-3-869 65-013-5 · Preis € 36,–

Entschädigung und Haftung in der städtebaulichen Planung
184 Seiten · 2009 · ISBN 978-3-869 65-125-5 · Preis € 42,–

Die Abwägung – das Herzstück der städtebaulichen Planung
156 Seiten · 2010 · ISBN 978-3-869 65-140-8 · Preis € 39,–

Aspekte der Innenentwicklung in der städtebaulichen Planung
124 Seiten · 2011 · ISBN 978-3-86965-176-7 · Preis € 36,–

Die Bewältigung städtebaulicher Missstände als Themengegenstand der Innenentwicklung
150 Seiten · 2012 · ISBN 978-3-86965-200-9 · Preis € 39,–